品成

阅读经典 品味成长

敢于愤怒

LETTING GO OF ANGER

[美] 罗纳德·波特-埃弗龙 [美] 帕特里夏·波特-埃弗龙◎著

郑世彦 张斯琴◎译

人民邮电出版社

北京

图书在版编目（CIP）数据

敢于愤怒：正确发脾气，更有利于解决问题 / （美）罗纳德·波特-埃弗龙 著；（美）帕特里夏·波特-埃弗龙著 ；郑世彦，张斯琴译. -- 北京：人民邮电出版社，2025. -- ISBN 978-7-115-67692-4

Ⅰ. B842.6-49

中国国家版本馆 CIP 数据核字第 2025GT5504 号

版权声明

◆　著　　　［美］罗纳德·波特-埃弗龙

　　　　　　［美］帕特里夏·波特-埃弗龙

　　译　　　郑世彦　张斯琴

　　责任编辑　袁　璐

　　责任印制　陈　犇

◆　人民邮电出版社出版发行　　北京市丰台区成寿寺路 11 号

　　邮编 100164　电子邮件 315@ptpress.com.cn

　　网址 https://www.ptpress.com.cn

　　文畅阁印刷有限公司印刷

◆　开本：880×1230　1/32

　　印张：7.25　　　　　　　　　2025 年 8 月第 1 版

　　字数：153 千字　　　　　　　2025 年 10 月河北第 3 次印刷

　　著作权合同登记号　图字：01-2023-1193 号

定价：59.80 元

读者服务热线：（010）81055671　印装质量热线：（010）81055316

反盗版热线：（010）81055315

目 录

引 言

第一部分
掩盖性的愤怒

第二章　隐匿型愤怒 · 040

表达方式：擅长被动攻击，间接表达自己的愤怒，通过不做
什么让对方知道自己在生气。

第三章　向内型愤怒 · 058

表达方式：将情绪发泄到自己身上，习惯于谩骂自己、惩罚
自己。

第二部分
爆发性的愤怒

第四部分
总结

引　言

11 种愤怒类型，11 种生活方式

从前，一对年轻夫妇爬上一座高山。在那里，他们遇见一位智慧老人。智慧老人示意他们坐下，告诉他们可以问任何问题。

他们询问生命的意义。他慷慨告知。

他们询问幸福的秘诀。他写于纸上。

他们询问关于宇宙的所有奥秘。他一一揭晓。

最后，他们问了一个很难的问题："哦，大师，我们经常感到愤怒，愤怒时会伤害对方，该怎么办呢？"

突然，老人怒视着他们，把铅笔掰成两半，大声咒骂，然后跺着脚回山洞里去了。"唉，"他扭头说，"要是我能弄明白，我就不会一个人在这座山里了！"

感到愤怒时，你会做什么？

没人真正知道如何处理自己的愤怒，至少不是一直都知道。感到愤怒是一种天赋，是人类本能的一部分，但愤怒不容易控制，愤怒也给我们的生活带来了很多麻烦。

本书讲的是人们如何处理自己的愤怒。我们稍后将讨论健康的愤怒——它看起来、感觉起来是什么样子，我们应该如何利用它，如何放下它。以这种方式处理愤怒时，你与它的关系是健康的——你觉察到它，采取行动，然后放手。

本书的大部分内容与愤怒问题和愤怒类型有关。"愤怒问题"是指那些让你很难控制愤怒的因素。例如，对愤怒的惧怕、痴迷，对愤怒的压抑（因为不知道如何表达），以及愤怒的爆发。

愤怒类型是一种模式，一种你处理愤怒的独特方式。愤怒类型回答了这个问题："感到愤怒时，我会做什么？"

本书描述了 11 种愤怒类型。当然还有更多类型的愤怒，但这 11 种是最常见的。你可能会发现，自己的愤怒属于其中的一种或几种类型。在本书中，我们会提到每种愤怒的优点、问题，以及如果你被困在某种愤怒中，可以做些什么来改变现状。

在继续阅读前，我们先来做一个简短的测试。下面是 33 个需要回答"是"或"否"的问题。快速回答就好，不用太担心对错。

愤怒类型问卷

1. 我几乎从不生气。(是 / 否)

2. 当别人生气时,我很紧张。(是 / 否)

3. 生气时,我感觉自己在做坏事。(是 / 否)

4. 我经常告诉别人我会照他们说的去做,但后来我就忘了。(是 / 否)

5. 我经常说"是的,但是……"和"我晚点再做"之类的话。(是 / 否)

6. 别人认为我很生气,但我摸不着头脑。(是 / 否)

7. 我经常生自己的气。(是 / 否)

8. 我压抑自己的愤怒,然后头疼、脖子僵硬、胃痛等。(是 / 否)

9. 我经常用难听的话来骂自己,比如"笨蛋""自私"等。(是 / 否)

10. 我的怒气来得很快。(是 / 否)

11. 生气时,我先行动后思考。(是 / 否)

12. 我的怒气消得很快。(是 / 否)

13. 别人批评我时,我非常生气。(是 / 否)

14. 别人说我很容易受伤,过于敏感。(是 / 否)

15. 当感觉自己糟糕时,我很容易生气。(是 / 否)

16. 我生气是为了得到我想要的。(是 / 否)

17. 我试图用愤怒来吓唬别人。(是 / 否)

18. 我有时假装生气,其实并不是真的生气。(是 / 否)

19. 有时我生气只是为了寻找刺激或大干一场。(是 / 否)

20. 我喜欢伴随愤怒而来的强烈感觉。(是 / 否)

21. 有时,当我感觉无聊时,我会找人吵架或打架。(是 / 否)

22. 我似乎总是很生气。(是 / 否)

23. 我的愤怒就像一个很难改掉的坏习惯。(是 / 否)

24. 我不经思考就开始生气 —— 感觉愤怒是自动化的。(是 / 否)

25. 我经常嫉妒别人,有时甚至没有理由。(是 / 否)

26. 我不太信任别人。(是 / 否)

27. 有时候我感觉别人是来对付我的。(是 / 否)

28. 当我捍卫自己的信仰和观点时,我变得非常生气。(是 / 否)

29. 我经常对别人试图逃避惩罚的行为感到愤怒。(是 / 否)

30. 在争论中我总觉得我才是对的。(是 / 否)

31. 我会生很长时间的气。(是 / 否)

32. 我很难原谅别人。(是 / 否)

33. 我因别人对我做的事而记恨他们。(是 / 否)

注意,这些问题3个为1组,它们被分成11组,每一组都与一种愤怒类型有关。

如果某种类型的 3 个问题的答案中有 1 个"是"，那么你最好了解一下这种类型；如果有 2 个"是"，那么这就是你属于的一种愤怒类型，它对你影响很大，请你仔细阅读相关内容；如果有 3 个"是"，你就"中大奖"了，这是你经常表现的愤怒类型，也许你一直都这样。这不仅仅是一种愤怒类型，而且是一种生活方式，它可能会给你带来很多麻烦。

现在，让我们为这 11 种愤怒类型命名，并对每种类型加以介绍。

问题 1 ~ 3：回避型愤怒

萨莉说要和乔一起吃午饭，但她没有出现。她已经连续三次这样了，但乔生气了吗？当然没有。他说他从不生气。如果乔生气了，他就会觉得自己像个坏人。

回避型愤怒的人不太喜欢生气。有些人会害怕自己或别人的愤怒。愤怒似乎太可怕了，他们不愿触碰它。他们害怕一旦生气就会失控，从而释放出内心的怪物。有些人认为生气是不好的。他们将"只有狗才会生气""待人友善，不要生气"之类的话语铭记在心。他们遮掩自己的愤怒，因为他们想要被人喜欢。

回避型愤怒的人觉得自己是好人，因为他们从不生气。这让他们感到安全和平静。

然而，回避型愤怒的人也有很多难题。即使事情出错，他们也不会感到愤怒，这对他们的生存不利。此外，他们优柔寡断，如果直接表达想要什么，他们就会感到非常愧疚。结果往往是他们被别人轻视或忽视。

问题 4 ~ 6：隐匿型愤怒

教堂的女士们又打电话来了。她们想让露丝在下周野餐聚会时为 100 个人做三明治。露丝下周另有安排，但她没有拒绝。野餐的日子到了，露丝却没有出现。当她们打来电话时，她解释说，自己只是忘记了，而且现在时间也来不及了。太糟糕了，这下女士们只能另想他法了。

隐匿型愤怒的人从不让别人知道自己在生气。事实上，有时他们甚至不确定自己有多生气。但是，当他们经常忘记要做的事情，或者一遍又一遍地说"是的，但是……"却什么也不做时，或者只是坐在那里让家里每个人都感到挫败时，愤怒就会"拐着弯"出来。当别人对他们生气时，隐匿型愤怒的人显得受伤且无辜。"你为什么生我的气？"他们说，"我什么也没做啊。"这就是问题所在。因为感到生气，所以隐匿型愤怒的人不会按照别人的要求去做，但也不会把自己的怨恨告诉任何人。

当隐匿型愤怒的人让别人感到挫败时，他们就会获得一种对生活的掌控感。他们只做一点点甚至什么也不做，或者把事情一拖再拖，从而阻挠别人的计划。此外，他们可以拒不承认这一点，然后生气。"你对我期望太高又不是我的错。"他们说。

然而，隐匿型愤怒会造成很多问题。最大的问题是，隐匿型愤怒的人会失去了解自己欲望和需求的线索。没错，他们可以不满足别人的要求，但那又怎样呢？他们也不知道自己想要干什么。这会导致他们感到无聊、沮丧，处在不满意的人际关系中。

问题 7 ~ 9：向内型愤怒

朱迪很生她丈夫里克的气，因为他昨晚又在外面喝酒，直到凌晨 3 点才回家。第二天早上，她很想把他臭骂一顿，但她一句话也没说。相反，她开始生自己的气。"都是我的错，"她想，"如果我是一个好妻子，里克会更想和我待在家里。"朱迪经常骂自己，为家里出现的任何问题自责，甚至偶尔用掐胳膊来惩罚自己。

朱迪把大部分愤怒都转向了自己。她这样做，是因为她很早就发现，把愤怒发泄在自己身上更安全。生自己的气可以让她不必去挑起冲突。此外，她打心底里认为，大声表达愤怒是没有用的。上次她这么做时，里克很生她的气，这让她太害怕了，她不敢再坚持自己的立场。

向内型愤怒对控制情绪是有一定帮助的。对我们每个人来说，要问问自己在具体情境中是否做错了什么，这很重要，有时对自己足够生气会改变我们的行为。然而，过多地向内发怒，会增加我们的无助感和绝望感。

问题 10 ~ 12：突发型愤怒

玛莎很生气。她妈妈希望她哪天能搬出去住。这种话她怎么敢说出口！玛莎被激怒了。她大喊大叫，乱扔东西，用拳头砸墙。她的怒火只持续了几分钟，但妈妈已经哭着跑出门了。

突发型愤怒就像夏天的雷阵雨。怒气不知从何而来，炸毁眼前的一切，然后消失得无影无踪。有时发怒似电闪雷鸣，来势汹汹，却很快收场，但经常有人受伤，家庭破裂，物品受损，一切需要很久才能修复。

突发型愤怒的人会感到一股力量急剧涌现。他们将所有的感受宣泄出来，因而感觉很好，如释重负。不管结果是好是坏，他们都要"把一切都发泄出来"。

失控是突发型愤怒的主要问题。突发型愤怒的人对自己和别人来说都很危险。他们可能有暴力倾向。他们很容易对说过的话、做过的事马上感到后悔，但那时已经太晚了。

问题 13 ～ 15：羞耻型愤怒

玛丽的丈夫比尔开车来接她。到达那里时，他忘了问她电影看得怎么样。"好，这就是他不爱我的证据，"她心里想，"如果他在乎我，他会想知道我这一天过得怎么样。天哪，这真让我火冒三丈！"

那些需要大量关注或对批评非常敏感的人，通常会形成羞耻型愤怒。最轻微的批评也会让他们感到羞耻。不幸的是，他们不太喜欢自己。他们觉得自己毫无价值、不够好，是残缺的、不可爱的。因此，当有人忽视他们或说了一些负面的话时，他们就会认为别人不喜欢他们，就像他们不喜欢自己一样。但这会让他们非常生气，所以他们会大发雷霆、猛烈抨击别人。他们会想："你让我感觉很糟糕，所以我要报复你。"

这种愤怒类型的人把自己的羞耻感当作烫手山芋。他们通过指责、批评和嘲笑别人来摆脱羞耻感。愤怒帮助他们报复任何在他们看来羞辱了自己的人。他们通过羞辱别人来逃避自己的匮乏感。

靠冲别人发火来掩盖羞耻感是没什么用的。那些因羞耻而愤怒的人最终会攻击他们所爱的人。与此同时，由于他们自我感觉不好，他们会一直对羞辱过度敏感。愤怒和失控只会让他们自我感觉更加糟糕。

问题 16 ~ 18：故意型愤怒

威廉今晚想要跟妻子亲热，但他的妻子不愿意。他就开始噘嘴，然后指责她冷漠。他看起来非常生气，几乎失去控制。奇怪的是，当妻子答应后，他的愤怒就消失了。一个人怎么可能上一秒还非常生气，下一秒就完全平静了呢？

故意型愤怒是有预谋的。以这种方式表达愤怒的人通常知道自己在做什么。他们的愤怒并不是情绪化的，至少一开始不是。他们喜欢操控别人，发现操控别人的最佳方式就是发怒，有时还要加上暴力行为。

通过故意型愤怒，他们获得了权力和对别人的控制。他们的目标是通过威胁或压迫别人来得到想要的东西。

故意型愤怒可能会暂时起作用。然而，从长远来看，这种愤怒类型通常会失效。人们不喜欢被欺压，最终他们会想办法逃离或进行报复。

问题 19 ~ 21：兴奋型愤怒

梅琳达很抑郁，对生活感到厌倦。她偶尔会大发脾气，跟人大干一场。"你知道吗？"她告诉我们，"当我大干一场的时候，我真的充满了活力，肾上腺素激增的感觉真棒，这是我唯一感到兴奋的时候。"

有些人渴望或需要愤怒带来的强烈感受。他们喜欢这种刺激感，即使他们不喜欢随之而来的麻烦。对他们而言，愤怒不仅仅是一种坏习惯，更带来了情绪上的兴奋。愤怒并不有趣，但很有力量。兴奋型愤怒的人渴望怒气"上头"，在情绪上"嗨上天"。这些人很难放弃他们的愤怒。就像那些沉迷于冒险的人一样，如果没有冒险带来的强烈感受，他们的生活似乎就很无聊。当他们爆发怒火时，他们会获得强烈的刺激感和情绪力量。愤怒能让他们感受到生命的活力，浑身充满能量。

这种寻求兴奋的模式可能会使人痛苦，具有破坏性。人们可能会依赖愤怒让自己感觉良好。于是他们就会挑起争端，只是为了在愤怒中获得快感。而且，由于他们需要刺激，他们的怒火会呈现"一飞冲天"的模式。因此，兴奋型愤怒也许能解决一些问题，但也会造成更多的问题。

问题 22 ~ 24：习惯型愤怒

拉尔夫真的厌倦了对孩子们发火，但他停不下来。每天晚上，他就像上了发条的钟表一样，一回到家就开始对他们大发雷霆，甚至还没进门就已经生气了。当孩子们露出一副"哦，他又来了"的表情时，他会变得更加生气。拉尔夫逐渐倾向于以一种敌对的方式来看待这个世界。

愤怒会成为一种坏习惯。习惯型愤怒的人发现自己经常生气，通常只是为了一些微不足道的事情。他们暴躁地起床，整天都在找碴儿，只能看到每个人、每件事最坏的一面。他们骂骂咧咧地去睡觉，甚至在梦里也很愤怒。愤怒的想法使他们陷入越来越多的争吵当中。他们似乎无法停止生气，即使他们很不开心。

习惯型愤怒的人依靠愤怒获得了确定感。他们非常确定自己的感受是什么（因为他们的主要感受就是愤怒）。对他们来说，生活也许很糟糕，但它已知、安全，并且稳定。

习惯型愤怒的人会陷入愤怒中无法自拔。愤怒主宰了他们的生活。他们甚至无法靠近所爱的人，因为愤怒总会让人们远离彼此。

问题 25 ~ 27：恐惧型愤怒

霍华德很爱米莉，但他非常害怕失去她，所以无论她去哪儿他都跟着，他不断问她是否爱他。只要她瞥了别的男人一眼，他就会勃然大怒。

他的嫉妒快把米莉逼疯了。她告诉他，如果他再控制不了脾气，她就和他分手。

嫉妒不是霍华德唯一的问题。他还很多疑，经常以为别人在背后议论他。他不信任很多人，有时他会怀疑别人接下来要做什么来害他。他经常指责别人生他的气或想"搞"他，但通常都没这回事。

这就是恐惧型愤怒。当人们感受到别人的无理威胁时，这种愤怒就会出现。在恐惧型愤怒的人眼里，到处都是攻击。他们确信人们想拿走属于他们的东西。他们认为别人会从身体上或言语上攻击他们。因为这种认知，他们花费大量时间疑神疑鬼地看守和捍卫他们认为属于自己的东西——例如，伴侣的爱（真实的或想象的）、钱财或贵重物品。

问题 28 ~ 30：道德型愤怒

琼是个"道德斗士"。她总在努力捍卫正义。在她眼里，今天是这个不道德，明天又是那个不道德。不管什么事情，她都非常确定自己站在正义的一边。她对那些与她想法不同的人感到愤怒。就好像她披着一件正义的斗篷，而这斗篷是裁缝为她量身设计的。

有些人认为当别人违反规则时，他们有权感到愤怒。在这些人看来，违反规则的人是坏的、恶毒的、邪恶的、有罪的，他们必须受到责骂，甚至惩罚，必须回归正道。这种愤怒类型的人会对坏人的所作所为感到愤怒。他们说，愤怒不是为了自己，而是为了捍卫自己的信仰。他们自认为有更高尚的道德品质。

道德型愤怒的人觉得他们是为了社会的正义而愤怒。因此，他们生气时不会感到内疚。事实上，即使在愤怒时，他们也经常觉得自己比别人优越。"是的，我很生气，""道德斗士"们说，"但我有正当理由。我正在捍卫社会的正义，所以我有权生气。"

这些人的思维非黑即白，他们看世界的方式太简单了。他们无法理解与自己不同的人。他们通常具有僵化的思维和做事方式。这种愤怒类型带来的另一个问题是斗争——用道德型愤怒来攻击每一个问题、每一种不同意见，尽管适当妥协或理解可能是更好的做法。

问题 31 ~ 33: 仇恨型愤怒

莫娜正在经历世上最混乱的离婚场景。她站在证人席上，指证她的丈夫。看看她的表情，你能看到她眼里的仇恨。她会说任何话来伤害他，不管那是不是事实。

仇恨是日积月累的愤怒。这是一种令人厌恶的愤怒类型，这种愤怒类型的人会认定另一个人是完全邪恶的或坏的。原谅对方似乎是不可能的。相反，仇恨者发誓永远唾弃那个冒犯者。仇恨始于无法化解的愤怒。接着愤怒变成了怨恨，然后是真正的仇恨，并可能永远持续下去。仇恨者经常想办法惩罚冒犯者，有时他们会付诸行动。

仇恨者觉得自己是无辜的受害者。他们创建了一个充满敌人的世界，并以极大的精力和激情实施攻击。然而，随着时间的推移，仇恨会造成严重的伤害。仇恨者无法释怀，无法正常生活。他们变得痛苦和沮丧。他们变得刻薄、局促且狭隘。

然而，并不是所有的怨恨都会变成仇恨。很多时候，人们只是对过去的伤害和冒犯耿耿于怀，感到受伤、不快，但仍然对事态保持较客观的看法。但是，怨恨会带来抑郁、绝望和痛苦的感受。和其他类型的愤怒一样，这种类型一旦形成习惯，就会产生问题。

将愤怒类型分组

这 11 种愤怒类型各不相同，它们主要可以分成 3 组：掩盖性的愤怒、爆发性的愤怒和长期性的愤怒。

第一组（问题 1 ~ 9）是掩盖性的愤怒。当人们没有意识到自己的愤怒，或者严重低估了自己的愤怒时，愤怒就被掩盖了。回避型愤怒就像一个戴得太紧的面具，很难摘下来。回避型愤怒的人没法看到自己的愤怒，也不让别人看到。隐匿型愤怒也是如此。那些隐匿型愤怒的人把自己的情绪藏在困惑、拖延和懒惰的假面之后。第三种掩盖性的愤怒是向内型愤怒。这一愤怒类型的人的问题不是意识不到自己有多么愤怒，相反，他们不允许自己向别人表达愤怒。

第二组（问题 10 ~ 21）是爆发性的愤怒。爆发性的愤怒特征是发怒迅速、夸张甚至危险。显然，突发型愤怒是爆发性的，它的标志是失去控制和勃然大怒，羞耻型愤怒也是如此。羞耻感强的人经常突然感觉受到别人的攻击，于是他们猛烈地回击。故意型愤怒是另一种爆发性的愤怒。故意型愤怒的人必须让别人知道他们发怒了。为了得到想要的东西，他们甚至会"发疯"。我们把兴奋型愤怒也视为一种爆发性的愤怒，经常以此方式生气的人多寻求肾上腺素的激增。当他们大声而激烈地与人争吵时，他们得到了所谓的满足。

第三组（问题 22 ~ 33）是长期性的愤怒。这种愤怒类型的人会长时间沉浸在愤怒中。他们无法像其他愤怒类型的人那样轻易地放下自己的愤怒。习惯型愤怒是一种长期性的愤怒。这类人已经养成了愤怒的习惯，以至于无法停止发怒。恐惧型愤怒会使一个人变得多疑甚至偏执。道德型愤怒的人会陷入无休止的讨伐。他们可以永远战斗，但不知道如何退出。仇恨型愤怒的人被困在愤怒中，失去了自由。

你觉得自己属于其中一种或几种愤怒类型吗？如果是，请继续阅读。我们已将各章分组编排，从掩盖性的愤怒开始，接着是爆发性的愤怒，最后是长期性的愤怒。你不需要按顺序进行阅读，但一定要看看本章最后一节——健康的愤怒，现在或之后阅读都可以。

灵活性是愤怒管理的关键

愤怒是一种重要的情绪，就像其他"基本"情绪一样，如恐惧、悲伤、厌恶和快乐。愤怒是一种情绪信号。愤怒传达的信息是："嘿，这里出问题了。有东西挡住了我的路。做点什么吧！"事实上，愤怒有两个主要目的：告诉你有些事情出问题了；给你尝试改变的能量。

然而，愤怒也有其局限性。它会传达信息给你，它会提供能量给你，但它并不能确切地告诉你具体该怎么做。本质上，愤怒是在说："做点什么，把那块大石头从路上移开。"但它不能制订具体的计划，比如"应该这么做，找点炸药把它炸了""叫朋友帮忙把它从路上推到一边去""忽略那块大石头，绕开它继续走"。

这就是不同愤怒类型的表现。愤怒类型具有可预测、可重复的特征，你可以借助对这些类型的了解，更好地处理那些可能让人感到愤怒的情境。本质上，每种愤怒类型都在引导你以略微不同的方式处理愤怒，就像你人生道路上的个人向导，告诉你应对挫折、障碍和烦恼的办法。唯一的问题是，每位"向导"都是习惯性的产物，只会一遍又一遍地给你提同样的建议。一位"向导"总是在说："不要惊扰那块大石头。如果我们不去推它，也许它会自己消失。"另一位"向导"说道:"那块大石头凭什么挡住我的路。我们来教训它。"第三位"向导"突然说:"我们现在就用炸药把它炸了吧,别再想别的办法了!"那么,你应该听谁的?你应该如何处理你的愤怒?你要拿那块大石头怎么办?

这就是需要你灵活发挥的地方。事实上,表达愤怒的方式有很多种。没有哪种方式永远正确或错误。在愤怒管理方面,灵活性是关键。你能从所有选项(11 种愤怒类型)中找出适合特定情境的最佳选择吗?例如,在许多情况下,选择回避型愤怒也许非常明智,因为跟人起冲突很不值得。但在其他场合中,回避型愤怒将是灾难性的——例如,你发现同事每天上班都在做违法的事。

僵化与灵活相反。在处理愤怒上,僵化意味着无论什么情况下,人都只能选择一种或两种愤怒类型。俗话说:"如果你的工具只有锤子,那么所有问题都变成了钉子。"这反映了那些只使用一两种愤怒类型来处理所有情况的人的局限性。

幸运的是,大多数人使用的愤怒类型都不止一种,如何使用取决于他们所处的环境。然而,人类的行为深受习惯驱动。这意味着我们倾向于选择最常用的愤怒类型。我们最常用的通常是小时候习得的愤怒类型。基本上,我们每个人都知道,用某种方式来处理我们的愤怒比用其他方式更好。

如果使用得当,每种愤怒类型都是有价值的。反之,任何愤怒类型都可能被过度、不当或错误地使用,从而产生问题。希望通过阅读本书,你能够更好地决定在不同的情况下使用哪种愤怒类型。这就像你的工具箱中有许多工具,你知道何时及如何使用它们。

学会健康地表达愤怒

愤怒是一种棘手的情绪，在你学会如何处理它之前很难将它驾驭。不过，只要你不陷入本书介绍的任何一种愤怒类型中，它就能真正地帮到你。善于处理愤怒的人与愤怒建立了一种健康或"正常"的关系。他们对愤怒的观点如下所示。

- 愤怒是生活中正常的一部分。
- 愤怒是生活中出现问题的准确信号。
- 愤怒行为是要经过筛选的，不要因为可以生气就自动发怒。
- 表达愤怒要有节制，这样才不会失控。
- 我们的目标是解决问题，而不仅仅是表达愤怒。
- 以别人能理解的方式清楚地表达愤怒。
- 愤怒是暂时的。一旦问题得到解决，就可以放下它。

你可以学会处理好自己的愤怒。要认识到愤怒是生活中正常的一部分。每个人都会时不时地感到愤怒。像其他所有的感受一样，愤怒没有好坏之分，它只是一种情绪。

当你感到自在时，你就不会隐藏你的愤怒，也不会与之为伴。你会接受愤怒的本来面目：它是提醒你生活出了问题的信号。愤怒就像一个闪烁的信号灯。它偶尔才闪烁一次，但当它闪烁时，就会有一列火车沿着轨道驶来。愤怒提醒你去寻找问题所在。它还告诉你应该去做一些事情来改善境况。

关于健康的愤怒，另一个重要观点是你得有能力对愤怒邀请进行筛选。每天你都有很多机会感到愤怒。例如，在你上班途中有一辆车插到你的车前面，有人批评了你，有人不回你的电话。所有这些都是愤怒邀请。如果你接受每一个邀请，那你就会一直感到愤怒。

你必须谨慎，忽略那些不太重要的愤怒邀请。你必须把那些烦人的琐事和真正重要的大事区分开来。

当你生气时，适度地表达你的愤怒。学会如何在不失控的情况下表达愤怒，是健康的愤怒的重要组成部分。告诉别人你很生气和对他们大喊大叫有很大区别。当你大喊大叫时，人们会进行防御，他们也对你大喊大叫，且不会再听你说话。

处理好愤怒也意味着你的目标是解决问题，而不是伤害别人。你因为一场冲突而生某人的气。你们之间竞争的是时间、金钱、爱情、权力或其他重要的东西。你想从他那里得到点什么。他想从你这里得到点什么。你生气是因为冲突总是让人受挫，但这就是生活。你得找到一种办法，在不伤害别人的情况下得到你想要的。

你可以学习用有效的方法来表达愤怒，表达你想要什么。一种方法是明确地告诉别人困扰你的是什么。使用"我……"的表达方式，像这样：

当你 _____（具体的行为），

我感到 _____（具体的感受），

我希望 _____（具体的目的）。

例如："乔，当你告诉我晚上9点回家，却半夜才回来时，我感到既担心又生气，如果你要晚点回来，我希望你在10点前打电话告诉我。"

或者："杰西卡，当你骂我，说我笨的时候，我感到很生气，很受伤，我希望你不要再骂我，不要再说我笨了。我还希望你别冲我嚷嚷，我们坐下来好好说话。"

当你使用有效的方法来表达愤怒时，你永远不需要把愤怒作为借口。你可以为自己的言行负责，即使是在你很生气的时候。

健康的愤怒的最后一个衡量标准是，当愤怒达到它的目的时，你有能力放下它。当然，胸中有怒火是很难释怀的，但问题解决后，它又有什么用呢？让愤怒消退，这样你才能继续生活。

本书剩下的部分将描述 11 种愤怒类型。请记住，可能每个人在每次生气时都使用了好几种愤怒类型。当你阅读这些内容时，试着问自己以下问题。

- 总的来说，我经常使用哪种愤怒类型？
- 总的来说，我不常使用哪种愤怒类型？
- 对于不同的人或不同的场合，我是否使用不同的愤怒类型？例如，有些人可能在家会比在工作场合更经常突然发怒，而在工作中更可能会回避愤怒。如果是这样，这是为什么？
- 我什么时候把某种愤怒类型使用得很成功？我是怎么使用的？
- 我什么时候把某种愤怒类型使用得很糟糕？我是怎么使用的？
- 我处理愤怒的方式是灵活的还是僵化的？
- 我怎样才能更好地处理自己的愤怒？

第一部分

掩盖性的愤怒

第一章　回避型愤怒

表达方式：害怕自己的愤怒，一点都不喜欢愤怒的感觉，将其视作敌人，不惜一切代价要避免。

跑！快跑！前方有危险！有个怪物跑出来了！

这个怪物的名字叫作"愤怒"。

回避型愤怒的人害怕自己的愤怒。他们一点也不喜欢愤怒的感觉。愤怒在他们看来是糟糕、危险、令人厌恶、丑陋的。愤怒不是他们的朋友。事实上，他们认为愤怒是敌人，是不惜一切代价要避免的东西。

究竟是什么让他们这么害怕愤怒？有很多原因，如下所示。

- 失控。"罗恩，你不明白。我讨厌我的愤怒。它太强大了。我担心一旦释放它，我就会完全失控，也许我会杀了某人，或者变成疯子。当然，你可以做到轻微地生气，但我不行。我得隐藏我的愤怒，不然它会毁了我。我感觉如果我生气了，我会摧毁整个世界。"

- 排斥。"帕特，当我生气时，我的家人会指责我。为什么？几天前，我抱怨孩子们回家晚了。我好像没有提高嗓门，但他们说我很糟糕，我丈夫整晚都不跟我说话。我再也不发脾气了，因为我受不了这种排斥。"

- 惩罚。"我父亲是一个糟糕的人。他打我们。我不敢生他的气，因为那样他会打得更狠。我学会了不向任何人表达我的愤怒。"

- 困在愤怒中。"当然了，我会生气。但我害怕我一旦生气就停不下来了，所以我从一开始就阻止了自己。我不想成为像我母亲那样的'暴怒狂'。"

- 内疚。"人们告诉我，愤怒是一种弱点。好人从来不会生气。就这样，我甚至在开始烦躁时就会感到内疚，所以我不让任何事情困扰我，我拒绝告诉任何人我生他们的气。"

有些人把愤怒当作阑尾——只会惹麻烦的无用器官。对他们来说，愤怒已经过时了，是石器时代的东西；愤怒是不好的，生气是愚蠢的；好人不会让自己生气，即使他们真的生气了，也不会告诉任何人。他们可以是善良的，也可以是愤怒的，但他们不可以既善良又愤怒。至少他们是这么认为的。

回避型愤怒的人在面对自己的愤怒时会感到不安，就像10岁的孩子在聚会上被父母告知要过去和每个人交谈一样。"我一定要去吗？我不想去。我不知道该说什么。我想和朋友们待在这里。"他们真的希望自己永远不去社交。如果回避型愤怒的人被迫面对他们的愤怒，他们会试图赶紧离开，找任何借口都可以。毕竟，谁愿意花时间和那种讨厌、过时的情绪待在一起？

回避型愤怒的人也不喜欢面对别人的愤怒。"恶心，"他们对自己说，"你为什么要花时间去感受别人的愤怒呢？我不喜欢生气，不喜欢你生气，也不喜欢他们生气。如果生气的人被邀请参加派对，那我宁愿待在家里，谢谢。"别人的愤怒让他们害怕，让他们厌烦。不管多么重要的场合，他们都不想参与其中。我们在第一章中提到过愤怒作为信号的价值。它告诉你和其他人，有些事情出了问题。如果你注意到信号，也许你能想办法做点什么来改变现状。问题是，回避型愤怒的人太害怕愤怒，以至于注意不到信号。他们逃跑或假装没有问题，而不是去注意信号。

也许信号是你的老板不把你当回事；或者你的身体需要睡眠，而你却一直忽视它；或者你的孩子在利用你；或者你的伴侣对你不忠。信号是什么没关系。如果信号是与愤怒有关的，你就什么也不想接收。幸运的话，信号过段时间就会消失，你就可以放松一下了。当然，你的老板会继续对你不屑一顾，你的身体会垮掉，你的孩子会在你不在的时候闯祸，而你的伴侣会继续在半夜偷偷溜出家门。但谁在乎呢？至少你没有生气。你出色地回避了愤怒。

回避型愤怒是我们讨论的第一种愤怒类型，因为它在美国社会非常普遍。这是因为我们的社会非常害怕愤怒，而且随着各地暴力事件的增加，这种恐惧正变得更加强烈。美国人认为愤怒是个问题。愤怒使生活无法顺利进行，它威胁到法律和秩序，它会给人带来麻烦。在许多微妙的境况中，我们一遍又一遍地被告知：要控制我们的愤怒；无论如何，要友善；生气的话，我们可能会失去我们的名誉、婚姻、朋友和工作。

所以，我们学会了忽视自己的愤怒。我们没有认识到它是人类的朋友，而是试图抛弃它。我们不承认自己的愤怒。"愤怒，滚出我的生活。我要把你从我的脑海里抹去。请你离我远一点。我拒绝生气。你太糟糕了，太糟糕了，太糟糕了。"

这是一种浪费。愤怒不是敌人。它是我、你，每个人的一部分。这是生活的事实。回避愤怒意味着失去一些重要的东西，一些可以让生活变得更快乐的东西。

回避型愤怒的价值

每种愤怒类型都有它的用途。对回避型愤怒来说，这一点当然也是一样的。以下是回避愤怒的几个积极作用。

- 回避愤怒可以让你更加明智。人们经常收到上文所说的"愤怒邀请"。这些邀请基本是那些至少有点烦人的事情：有人在上车或购物时插队；咖啡太冷或汽水太热；发现你的伴侣有外遇。大多数人很早就意识到，他们最好对大多数的愤怒邀请说"不，谢谢"，否则他们会花太多时间生气，但有时候说"是的，我会让自己生气"也很重要。

- 回避愤怒可以节约能量。生气需要耗费时间、精力和能量，这些本可以用在其他事情上。当有人说，"当然，我可以为此生气，但不值得"，这个人就是在节约能量。

- 回避愤怒可以挽救你的生命。愤怒会引发更多愤怒，所以你的愤怒可能会引发别人的愤怒。反过来，这可能会导致争吵、攻击和暴力。远离你的愤怒会让你平安无事。

- 回避愤怒可能会得到社会奖励，而表达愤怒则会受到惩罚。我们经常表扬孩子不打架、友善、有礼貌、能控制自己的情绪。同时，我们惩罚孩子，仅仅因为他们生气了。内疚和羞耻让人更加回避愤怒。因此有些孩子长大后会压抑自己的愤怒，很少大声表达自己的愤怒。

- 回避愤怒可以帮你争取时间。有时候，在表达自己的愤怒前，最好花点时间来思考这个问题。争取时间能让你进一步思考问题，想出解决问题的办法，也许最重要的是获得一种认识："你知道吗，当我刚听说我没被邀请参加派对时，我很生气。我差点拿起电话去骂主办者。但我睡了一觉，第二天才意识到，我告诉过她，我可能会在派对那天出城。我很高兴我没发飙。"

所以说，回避型愤怒肯定是有价值的。在你的愤怒管理工具箱里，这是一个重要的工具。然而，当人们过于频繁地回避感受或避免表达自己的愤怒时，回避型愤怒就会成为一个问题。严重的问题通常不会因为被忽视而消失，它们必须被面对和处理。

回避型愤怒的人如何掩藏愤怒

对很多人来说，没有痛苦的一天就是美好的一天。对于回避型愤怒的人来说，美好的一天就是没有发怒的一天。愤怒是痛苦，是恐惧，是愧疚。愤怒太糟糕了。愤怒是敌人。那么，回避型愤怒的人如何战胜敌人呢？他们有一套特殊的工具。

想象一下，某个特定愤怒类型的人有一个工具箱，里面有一套特殊的工具。例如，突发型愤怒的人可能有一个气球，它可以迅速膨胀，在爆炸时发出很大的噪声。仇恨型愤怒的人有一种超强的黏合剂，它可以帮助他们多年来一直保持愤怒。故意型愤怒的人有一个日历，它会记录下最适合发怒的时间。

回避型愤怒的人也有他们自己的工具。首先，他们有一个绝佳的眼罩。这样他们就可以否认任何生气的理由。其次，这是个双层眼罩。这让他们看不到任何让他们生气的东西，也让他们注意不到自己身上任何愤怒的迹象。的确，回避型愤怒的人的手会一直握成拳头，但他们无视这些迹象。也许它们会自己消失。耳塞也是必需的。回避型愤怒的人不想听到任何令人沮丧的消息。没有消息就是好消息，没有愤怒就没有什么好担心的。

下一个工具是弱音器，小号手用它来演奏更柔和的音乐。这是为了把怒气压下去。"我生气吗？好吧，我想有一点，也许吧，但就一丁点。没必要真的生气，不是吗？"弱音器会把愤怒降到最低，以确保它不会打扰任何人。回避型愤怒的人试图确保他们的愤怒只是在耳边低语。他们不喜欢变得怒气冲冲。

回避型愤怒的人经常会携带一面盾牌，就像《星际迷航》中"进取号"用来抵挡敌人炮弹的防护盾一样。回避型愤怒的人害怕他们的愤怒会伤害别人或自己，所以他们尽可能地避开愤怒。

一个大号转盘是必不可少的。当回避型愤怒的人开始感到烦恼时，它就派上用场了。他们跳到转盘上旋转，直到头晕目眩，完全糊涂。"哎呀，我不知道我有什么感觉。我想我是生气了，但也可能不是。我什么都想不明白了。"他们感到困惑时，就什么都不用做了。

受气包也很有用。这样一来，当别人践踏他们的时候，回避型愤怒的人就说自己是受气包。那些不能用愤怒来保护自己的人往往会成为受害者，被那些不那么害怕攻击的人利用。

回避愤怒的代价

当你忽视自己的愤怒时，你会付出巨大的代价。这就好比你家屋顶有个大洞，你却不去修补一样。也许你看到了，但你太忙了，什么也没做。也许几天内不会下雨或下雪，但迟早会下的，到那时你就得为屋内的一切损失付出代价了。而你屋顶上的洞还在那里，等着下一场暴风雨。

回避型愤怒会严重损害你的个人幸福。如果你是一个回避型愤怒的人，轻则会得不到你想要的东西，重则会患上抑郁症或躯体疾病。

得不到你想要的东西

愤怒告诉你，你没有得到你想要的东西：也许是请一天假，或者是花钱买新衣服，也许是被你的伴侣好好地对待。但是，当你戴着耳塞时，愤怒就没办法告诉你这些了。

回避型愤怒会导致挫败感。就像一只松鼠，整个夏天都在收集食物，到了冬天却忘了把食物放在哪里了；你"装满"一肚子的愤怒，却忘记了如何照顾自己。感受不到愤怒，你只能说："哦，不，我不需要休息。我很乐意连续工作 12 天。"或者说："不，亲爱的，我赞同你给自己买那双 100 美元的网球鞋，反正我也不需要新衣服。"

回避型愤怒的人失去了自己的声音。没有自己的声音，他们注定只能默默地坐视别人如愿以偿。

失去部分自我

回避型愤怒的人找到了不把双手握成拳头的完美方法。不幸的是，他们的解决办法是"砍掉自己的双手"。他们不会伸手去获得他们想要或需要的东西，因为他们担心这可能会激怒别人。他们无法改变世界，让世界变得更适合自己，因为他们已经放弃了自己太多的权利。现在，他们不得不依靠别人，或者逃跑。

愤怒是人类的朋友。没有愤怒，我们是不完整的。因此，当人们回避愤怒时，他们就摧毁了自己的一部分，他们不再完整。

大多数回避型愤怒的人都知道事情不对劲。他们自我感觉不太好。他们称自己为"受气包""懦夫""傻瓜"，甚至"寄生虫"。他们失去了自尊，但他们往往不知道哪里出了问题。如果他们要改变的话，就会试着变得更温和，再少生一点气。这就是他们的风格和解决生活问题的方式。如果这意味着砍掉他们的双手以避免握拳，那就砍吧。如果还不够，那也许有必要砍掉双脚，以免它们"寻衅滋事"。

把愤怒转向自己

特里非常生马文的气，她简直想戳瞎他的双眼，但她反而不停地挠自己的胳膊，直到挠出血来。

杰夫从不生别人的气，但他没有一天不大声羞辱自己。"我真是个傻瓜！"他告诉每个人，"我只是个丑陋的笨蛋。"他相信这一点。

这两个回避型愤怒的人把他们对别人的愤怒转移到了自己身上。他们对别人的愤怒，不管是正当的还是不正当的，都被掉转了方向，就像一个人扔出回旋镖，最后插在了自己的脑袋上。

为什么要这样做？因为这些回避型愤怒的人认为伤害自己比伤害别人更安全。他们宁愿在极度沮丧时给自己一拳，也不愿说："我生你的气了。"他们宁愿自我感觉不好，也不愿去冒犯别人。因此，一些回避型愤怒的人变成了自虐狂，他们一次又一次地用本该向别人发泄的愤怒来惩罚自己。

抑郁症和躯体疾病

回避型愤怒的人经常会患上情绪和身体上的疾病。他们可能会抑郁，不仅因为抑郁是"向内型愤怒"（实际上，我们认为"自我憎恨"更适合形容这种愤怒），更主要是因为回避型愤怒的人会感到非常无助和绝望。没有愤怒，他们就不能得到自己想要的，也不能做他们需要做的事。这就是他们抑郁的原因。如果人们太害怕自己的愤怒而无法善用它的话，几乎都会抑郁。

回避型愤怒的人还会出现头痛、溃疡、神经紧张、过敏反应，以及许多其他由心理因素引起的躯体疾病。他们可能会通过大量进食来压抑愤怒，大量饮酒来忘记愤怒，或者大把花钱来让自己快乐。

压抑和爆发

回避型愤怒的人会想尽一切办法来逃避他们的愤怒，但是，愤怒就像一只鬼祟的大猫，跟在他们身后，等待着突袭。最后，这只大猫会毫无征兆地跳出来。

有这样一个回避型愤怒的人，上一刻，她只是坐在那里，像往常一样无视自己的愤怒；下一刻，她就变成了暴怒的老虎，一遍又一遍疯狂地尖叫："我再也受不了了。我不会接受的。我气得要杀人了。"愤怒终于爆发了，现在，她要为那日积月累、深埋内心的怒气付出代价。这种愤怒表现为暴怒——非理性、夸张且危险。

之后，她会感到无比内疚。"我怎么能那样做呢？"她会抱怨。她这个温柔善良的好女人，怎么能对丈夫和孩子破口大骂呢？她怎么能把意大利面扔到墙上，把贵宾犬扔出窗外呢？她怎么能告诉他们，她当晚就要收拾行李，再也不回家了呢？哦，看看他们脸上的表情！她不知道他们会不会原谅她。她也不敢相信她还能原谅自己。

她发誓，她再也不会那样做了，永远不会。但她没有注意到背后的那只"猫",它带着所有的愤怒准备再次向她袭来。

避怒,正在毁掉你的生活

"好好先生"像巧克力牛奶一样甜美,像刚出生的小狗一样友善,像婴儿的微笑一样纯洁。他很可爱。他很招人喜欢。

但他必须离开!

那个可爱的、孩子般的、只想被人喜欢的"好好先生",正在毁掉你的生活。"好好先生"是你内心的避怒者。他害怕在万圣节喝倒彩。他试图让你相信愤怒是不好的,或是危险的,或者两者兼而有之。他就像粘在你鞋底的口香糖,你得找根棍子把它刮下来。

改变始于你对未来的想象。继续阅读前,建议你花几分钟想象一下自己改变后的状态。想象一下,你的"好好先生"正在享受一个应得的假期。这一次,你真的可以生气了。你可以生气,可以一直生气,还可以善用你的愤怒。以下是你可以想象的一些事情。

- 想象自己冷静而坚定地要求别人尊重自己,尽管他经常不把你当回事或辱骂你。
- 想象你生气时的样子。你会如何站立?你的眼睛和嘴巴会怎么样?你的音量是提高还是降低?
- 想象你能善用自己的愤怒,然后体会这种满足。注意你自尊的提升。注意感受你内心的自豪和自信在增长。最终,你可以为自己辩护,为自己说话。

- 让自己感受愤怒的最初迹象：胃部绞痛，隐约烦躁，眉头微皱或下巴绷紧，眉毛下垂，轻轻踏步或踱步，等等。这些微小迹象正是愤怒的信号，注意这些信号可以帮助你在情况变得更糟之前处理好愤怒。

- 想想"不"这个词。大声地说十几次"不"，用不同的方式——大声地、轻柔地、快速地、缓慢地。让你的嘴里反复出现这个词，就好像它是你吃过的最美味的冰激凌。当"好好先生"在度假时，你可以把"不"加入你的词典。

一开始，这一切可能有点吓人，但不要被恐惧吓倒。你内心回避愤怒的"好好先生"只想让你远离麻烦。也许这在过去对你有帮助。那时你需要回避愤怒，因为生气真的太危险了。今天，我们希望情况有所不同。（如果还是老样子，你需要仔细检查自己的状态。如果你不能安全地倾听愤怒或善用愤怒，也许你需要做一些重大的改变。）实际上，你可以时不时地让自己生气。它不会把你或别人变成怪物。

改变的下一步是做出承诺：再也不当"好好先生"，再也不当受气包，再也不害怕愤怒。从现在起，让愤怒在你的生活中占有一席之地。你最终可以变得真实、完整。

我们并不是建议你应该一直愤怒。那就是从一个极端到另一个极端了。重要的是，你能注意到自己的愤怒，并在需要时善用它。

回避型愤怒的人被一条僵化的规则困住了：无论如何都不能生气。这条规则不允许有例外，它让人认为生气的人总是坏的或错的。

也许这条规则以前很有用。也许过去你别无选择，只能遵守它，但现在它已经过时了，就像食物在杂货店的架子上放得太久一样。是时候改变这条规则了。

回避型愤怒的人适用的承诺是："从今天开始，我将允许愤怒成为我情绪家族的一部分。愤怒在我的生活中占有一席之地，就像悲伤、快乐和所有其他感受一样。我承诺会倾听我的愤怒，用它来帮助我弄清楚该说什么或做什么，并在情况好转时放下我的愤怒。"

善用你的愤怒

愤怒是一种强烈的感受，会耗费大量的精力。它也很容易被浪费或误用。没完没了地唠叨，坚持要改变一些无法改变的东西，当事情有所好转时拒绝放下愤怒，为了抱怨而抱怨，这些都是浪费愤怒的方式。那些刚刚学会接纳愤怒的避怒者，需要确保他们能善用自己的愤怒。

以下是 3 个善用愤怒的小贴士。

确保让你生气的事情是重要的，而不仅仅是小麻烦。例如，你的老板给办公室里的每个人加薪，唯独没有给你加。这里面肯定有问题。你的愤怒告诉你要弄明白发生了什么，以及老板为什么这么做。

准确地告诉让你生气的人你想要什么。"莎莉，如果你半夜还回不了家，我希望你在晚上 10 点半之前给我打电话。"当然，这并不意味着你总能得到你想要的，但这样你就能清楚地知道你在为什么而战斗。

坚持你的愤怒。 你可能倾向于过早地放下你的愤怒。恐惧或内疚悄然而至，让你感到焦虑或不适。或者你干脆放弃，确信你永远不会得到你想要或需要的东西。

玛丽是个回避型愤怒的人，多年来一直"容忍"丈夫乔治的外遇。终于，她拿出了他出轨的确凿证据，与他当面对质。乔治很快承认了，然后恳求玛丽原谅他这个"坏男孩"。她心软了。他听起来那么诚恳，她怎么还能继续生他的气？

但他再次欺骗了她。说好的忠诚在哪里？他给那个女人的分手电话或信件又在哪里？

你必须保持足够久的愤怒，以确保事情出现转机。即使有恐惧和内疚，也要坚持下去。不要让你的"好好先生"在事情有所进展时破坏了这一切。

允许别人生气

回避型愤怒的人必须明白，人们偶尔生气是可以的。他们不必总是试图安抚他们的伴侣，安抚他们的孩子，平息工作上的争端，让每个人都开心。这不是他们的任务。

我们已经把 3 个孩子抚养成人。像所有的孩子一样，有时他们也会互相争吵。作为父母，我们的职责是允许他们争吵，只要他们公平地争吵，不打人。必要时，我们会介入，但不会每次都介入。他们必须学会在家庭内外为自己发声。

回避型愤怒的人通常来自不允许正常生气的家庭。他们一有争吵的迹象，他们的父母就会加以制止。"每个人都要友好"是家庭规则。难怪他们在长大后对愤怒如此不安。

只要处理得当，愤怒就不会破坏人际关系。它是事物自然规律的一部分，是事情出了问题并需要立即关注的信号。事实上，回避愤怒往往比表达愤怒对亲密关系、家庭和友谊造成的伤害更大。没说出口的话就像幽灵一样，它们会让家里"闹鬼"，直到被开诚布公地处理。

如果你是一个回避型愤怒的人，下次家里有人生气时，请深呼吸，不要急于让事情好转。除非有真正的危险，否则不要干预。

如果有人对你发火怎么办？请不要接受辱骂，但也不要为了让他们马上高兴起来，而做一些你不想做的事情。关注他们的愤怒，问问自己这是怎么回事。对你发火的人有充分的理由吗？如果有，尽你所能去解决问题。如果你确实认为是他们的问题，请解释你的立场。不要为了求和而让步。

不再回避愤怒

如果你是一个回避型愤怒的人，建议你报名参加自信训练课程。自信训练会让你了解自信行为、被动行为和攻击行为之间的区别。它会帮助你以不伤害他人的方式表达你的愤怒。不过，有些回避型愤怒的人哪怕上了 100 节课，可能也没有一点改变。那些无法改变的人，仍然认为他们的愤怒是不好的。

回避型愤怒是一种愤怒类型，一种习惯性的思维和行为方式。回避型愤怒的人对"我该如何处理愤怒"这个问题的回答是"我不会愤怒"。这种策略有时会奏效。你不去注意的东西也许会消失，但很多时候，回避型愤怒的人并没有面对现实。他们听不到愤怒试图传达的重要信息，所以，他们的生活会越来越糟。

然而，回避型愤怒的人是可以改变的。他们要学会接受 4 个主要观点。

- 愤怒是正常的。
- 我可以愤怒。
- 即使生气，我仍是个好人。
- 我可以善用愤怒。

现在你可以探究一下这 4 个观点。

愤怒是正常的

愤怒是一种正常的情绪，但人们表达愤怒的方式是不同的。你可能认识一些人，他们用吵闹、斗气或强迫的方式来表达愤怒。吵闹或好斗与感受情绪是不同的。现在请花点时间想想：感受情绪和采取行动有什么不同。问问自己："是谁告诉我愤怒是不好的？"接着再问自己："是谁向我展示了一种我不想拥有的愤怒行为？"最后问问自己："我认识的人当中，谁告诉我有愤怒的感觉是正常的，它与失去控制或伤害他人是不同的？"

我可以愤怒

开始更多地倾听身体传递给你的信息。例如，当你的肩膀或肠胃"打结"时，问问自己发生了什么让你不喜欢的事情。试试把那个"结"放进你的拳头里。你觉得不那么害怕了吗？那是你的愤怒在保护你。问问它想说什么。当你的下巴肌肉紧绷时，问问自己："如果我现在很生气，我想说什么？"当你发现自己摔门而出、绝望长叹时，或者努力释放多余的能量时，提醒自己你可以生气。问问自己，你现在是否真的很生气。你仍然可以选择如何对待你的愤怒，但要尊重这种感觉本身。当你的世界里有些事情失去平衡时，愤怒便会挺身而出。

即使生气，我仍是个好人

在生活中，我们需要平衡给予和索取。每个人都需要空间、尊重和为自己服务的机会。每个人也都需要使身体和情感到安全的边界。愤怒是一种能量，它能帮助你在给予和索取之间取得平衡，并帮助你为自己设定健康的边界。愤怒本身并不是自私或有害的。如果你一生气就感到内疚，说明你习得了一种僵化的思维方式。如果你能善用愤怒，它将对你有益。下次当你因为生气而感觉糟糕时，用你的双臂抱住自己，并提醒自己"你很好"。每个人都需要做自己最好的朋友。告诉自己，现在就是做自己最好的朋友的好时机，当不好的事情发生时，生气是件好事。

我可以善用愤怒

记住，情绪和行为是不同的。我们的朋友查尔斯·伦贝格（Charles Rumberg）常说："感受情绪，选择行为。"如果你的朋友需要得到一些尊重，需要维护自己的权利，或者在工作太多时需要帮助，他应该做些什么——列一张行为清单。当你发现自己感到愤怒时，把这张行为清单拿来自己使用。找一个善于以你赞赏的方式表达自己的朋友，向他请教你可以添加到这张清单上的其他行为。然后试着做到这些行为。善用你的愤怒，意味着你可以清楚地表达你的需求，坚定地争取你应得的东西，而不必通过辱骂别人或伤害别人的身体；当你被别人欺负时，也能为自己挺身而出。

第二章　隐匿型愤怒

表达方式：擅长被动攻击，间接表达自己的愤怒，通过不做什么让对方知道自己在生气。

我们在这本书中提出的基本问题是：人们如何处理自己的愤怒？每种愤怒类型的人都有不同的答案。例如，回避型愤怒的人从一开始就尽量不生气。

隐匿型愤怒的人（更正式的称呼是"被动攻击者"）也有自己的答案：我只会间接地表达我的愤怒，我会通过不做什么让你知道我在生气。

这种做法很聪明。隐匿型愤怒的人可以生气而不必承认这一点。他们从不直接攻击别人。他们不会被指责为咄咄逼人。他们可以诚实地说："我不明白你为什么这么生气。我什么也没做啊。"确实，他们什么也没做。他们没有按照他们承诺的去修剪草坪（你几乎可以肯定他们答应了，但也许他们没有，你不能百分之百确定）。他们还没有填写那份工作申请表，它已经在柜台上放了好几周。他们没有照看孩子，好让你休息一下。他们没有……

这当中发生了什么？隐匿型愤怒的人确实生气了，有时甚至非常生气。他们讨厌被人使唤。他们不喜欢被建议、被指导，即使是温和的指导。他们只想过自己的生活。他们想对全世界说："别烦我。我想做什么就做什么，你不能强迫我做任何事。"但他们没有说出来。

隐匿型愤怒的人不会对别人说"不"。他们也不会对别人说"好"。他们通常什么都不说，除了"也许"。他们精通让别人对他们生气的艺术，而实际上是他们在对别人生气。

人怎么会变成这样？当然，每个人都有自己的经历。但我们认为，许多隐匿型愤怒的人在孩童时期，当他们被要求做出选择时，得到的是非常复杂的信息。下面是一个例子。

爸爸：比利，今晚想和我一起去看球赛吗？

比利：不了，爸爸。我得准备明天的考试。

爸爸：好吧，如果你不陪我去看比赛，我想你不怎么爱我。

下一周。

爸爸：比利，今晚想和我一起去看球赛吗？

比利：好的，爸爸，我不做考前复习了，这样我们就可以一起去了。

爸爸：好吧，我想你不是个认真的学生，对吗？这真让我失望。

嘿，爸爸，这个孩子该说什么——去？不去？去还是不去？

再下一周。

爸爸：比利，今晚想和我一起去看球赛吗？

比利：（沉默）

爸爸：比利，回答我。你想去看球赛吗？

比利：（沉默）

爸爸：比利！回答我，你想去还是不想去？

比利：呃……我不知道……也许吧。

此刻，爸爸已经准备威逼比利了，但比利终于找到了脱身的办法。他说"去"或"不去"都会感到内疚，所以他就什么也不说。比利确实很生气，但他永远不会承认，不会对爸爸承认，甚至对他自己也不会承认。

世界上有很多比利这样的人。他们是隐匿型愤怒的人。他们的愤怒会拐着弯出来。他们知道沉默是自己最好的武器。

隐匿型愤怒的人最喜欢的"游戏"

大富翁？拼字游戏？纸牌游戏？龙与地下城？你的选择是什么？几乎每个人都喜欢偶尔玩一场好游戏。

这些游戏有几个共同点。它们有开始的路径，有继续游戏的规则，有赢家和输家，还有结局。

隐匿型愤怒的人会带着他们的愤怒玩"游戏"，让我们来看看其中几个。

哎呀，我忘了

开始：有人要求你做某件事。你不想做，但你当然不会拒绝，因为那样会产生冲突。

规则：说你会做，然后不做。如果有人提醒你，你会生气地告诉他们，你不需要他们的提醒，你自己会记得去做的。但无论如何，一定要忘记做，即使他们几分钟前才提醒过你。

赢家：当别人因为你的不负责任而生气时，你就赢了。

结局：别人终于不再试图让你做任何事情。

隐匿型愤怒的人在这个游戏中传达了两个信息。直观的信息是："你可以把马牵到河边，但不能强迫它喝水。"深层的信息是："如果你指望我，我会让你失望的，所以不要抱任何期望，别对我提任何要求。"

举个例子。一位女士不赞成她的丈夫求学，不过她没多说什么，只是忘了在截止日期之前把他的申请表寄出去。然后，丈夫很生气，她表现出很受伤的样子。她说，自己已经尽力去做了，只是碰巧忘记了。

是的，但是

开始：有人想让你做一些事情，比如陪他们散步、逛商店、帮他们照看孩子。你不想做，但也没有拒绝的理由。

规则：你原则上同意他们的要求，"当然，这是个好主意。"然后，你想起了一些阻止你这么做的事情，一些你无法控制的事情。如果他们想出了解决这些事情的办法，你就用另一些借口来难倒他们。不管发生什么事，你都不会按照他们的要求去做。如果你这样做了，他们就赢了。

赢家：当他们大发脾气、怒气冲冲地离开时，你就赢了。

结局：他们最终放弃了对你的要求，独自散步、逛商店、照看孩子。

举个例子。乔治，一个邮递员，是个总爱抱怨的人。今天他脚疼，想请一天假，然而他的老板桑迪想让他继续工作。桑迪建议他在路上多休息。"是的，但是那样我就不能按时送达了。"

"那好吧，"桑迪说，"换双舒服点的鞋。"

"哦，不，"乔治解释说，"那会违反着装规定。"

桑迪可以放弃她的想法了，因为乔治会想出 1000 个不适合继续工作的理由。当然，这些都不是他的错。

也许乔治讨厌他的工作，也许他在生桑迪的气，但他永远不会承认自己生气了。他觉得玩"是的，但是"的游戏更有趣，也更安全。毕竟你怎么能因为一个人偶尔脚疼请假就解雇他呢？

我等会儿就做

开始：有些事情需要尽快完成。别人都指望你能及时完成。你感到压力很大，讨厌他们的催促。他们有什么权利告诉你要尽快完成？你会让他们好看的。

规则：使用"蠢人"战术——他们越是催促，你做得越慢。你只管埋头苦干，当他们问起时，告诉他们你正在努力；当他们提出要求时，你就抱怨说你只是个普通人，你已经尽可能快地在做了。

赢家：当其他人都忧心忡忡、气愤不已时，你就赢了。如果他们发誓不再和你合作，你就一举两得了。

结局：最终，你完成了任务，这样就没有人可以指责你无能了。如果你把时间安排得恰到好处，你会在一再推脱之后的最终截止日期之前完成任务。

拖延战术之所以有效，是因为我们生活在一个合作的世界里。如果你不完成报告，她可能就不得不加班。当你拖延洗盘子时，他就没有盘子吃晚饭了。

装傻、装无助或无能

"亲爱的，我收拾不了盘子，我不知道把它们放在哪儿。"

"乔，如果可以的话，我会帮你的，但没有人教过我怎么做。"

"我不是很有创造力，请不要让我想什么新点子。"

无知是福？不见得，但"无知意味着生气"却经常发生。当隐匿型愤怒的人因为别人希望他们思考而很生气时，他们会装傻。毕竟，思考也是一种工作，这是人们期望或要求他们做的。隐匿型愤怒的人相信，你思考得越多，别人就越期待你思考，所以最好还是装傻。

隐匿型愤怒的人还会装无助或无能。他们经常对挑剔的人这样做，时间长了，这就变成了一种习惯。他们这样做的目的是在"游戏"中击败那些挑剔者。"如果他们觉得我不行，我会证明他们是对的。那样真的会让他们很不爽。"

开始：你被要求思考或做某事。你会感受到人们的要求、希望和期望带来的压力。这让你很生气。你希望他们后退一点，对你的期望少一点。

规则：装傻。假装你没头脑、没直觉、没技能、没常识、没勇气、没自尊、没野心、没希望。如果他们说你有潜力，那就要小心了。这是另一种要求。记住，如果你把什么都做得很好，你就输了。

赢家：当你看到别人困惑地摇头时，你就赢了。你会听到他们这么说："这么聪明的人怎么能表现得这么笨呢？他怎么会犯那些愚蠢的错误呢？"

结局：他们不再打扰你。现在你可以回去看电视了。与其做个被困住的聪明人，不如做个掌控自己生活的傻瓜。

别烦我

开始：你躺在吊床上，放松地听鸟儿歌唱。这时，有人在窗口喊你进屋，或者叫你洗车、修剪草坪。呸！你不能让他们毁了你的乐趣。

规则：不理他们，假装没听见。如果他们出来说什么，回答"嗯哼，是的，当然"，但要让他们知道你根本没听。如果他们拉你去看球赛，那就带本书去，让他们知道你对球赛不感兴趣。对任何事情都不要表现出热情。

赢家：当他们向你投来无比沮丧的眼神，然后撇下你去继续忙活时，你就赢了。

结局：别人对你死心了。你会听到他们这样说："哦，不用问爸爸了。他对我们做的事从不感兴趣。"

像所有隐藏愤怒的人一样，那些玩"别烦我"游戏的人想要独立。他们觉得，别人对分享和参与的过多要求剥夺了他们的自由。这使他们感到愤怒。他们想把别人挤出去，以保护自己的空间，但他们不敢说一个简单的"不"字。相反，他们会尽可能地忽视别人。如果这行不通，他们会无精打采地答应，就像青少年被拖去参加父母辈的晚宴一样。他们传达出的信息是："当然，你可以剥夺我的自由，但我能控制自己的能量，你休想从我身上夺走任何能量。"

你不能强迫我

"我不会做的。我拒绝。你不能强迫我。"不像玩其他游戏那样需要偷偷摸摸，那些玩"你不能强迫我"这个游戏的人，以自己的固执、沉默、不屈为荣。他们可能没有理由拒绝别人，但他们也不会做别人想要他们做的事。

大多数隐匿型愤怒的人都不会说"不"或"是"，但这个游戏是为那些善于说"不"的人准备的。说"是"才是大问题。"是"就意味着屈服，意味着失去自尊，甚至一想到"是"就足以让某些人愤怒。

处于"可怕的两岁"阶段的儿童和十几岁的青少年，是"你不能强迫我"这个游戏的优秀玩家，但有些成年人会一直"停留"在青春期，他们永远是说"不"的专家。

开始：你被要求做一些事情。这个要求可能合理，也可能不公平，可能是小事，也可能是大事，但这并不重要。这对你来说是一种侮辱：他们竟敢对你指手画脚！

规则：不要屈服，必要时凶狠一点。他们不能强迫你做任何事。你要与他们斗争到底，永远不要答应任何事情，哪怕是你想做的。否则就是你屈服了。

赢家：你有两种可能获胜的情况。第一，你摆脱了不想做的事情；第二，这是最狡猾的部分，你得到了想要的东西却不用承认这一点。例如，两岁的孩子被"强迫"吃冰激凌；女孩最终同意打扫她的房间（其实她自己也愿意做），但她可以为自己的反抗感到自豪。

结局：每个人都很生气，然后不欢而散。

隐匿型愤怒的利与弊

有时，隐匿地发泄愤怒是有一定道理的。例如，对一个盛气凌人、控制欲强、指手画脚的老板，你最好直接说"好的，好的，我会照你说的做"——然后做你无论如何都要去做的事——而不是试图向一个你知道不会听取任何意见的人解释你的想法。如果你的老板还是一个"恶霸"，当你直言不讳时，他就会惩罚甚至解雇你，这个策略就特别有用。（当然，打印简历，找一个更好的老板也不失为一个好主意。）因此，隐匿型愤怒最适合保持努力和诚实却没有得到回报甚至受到惩罚的人。

当别人比你自己更寄希望于你的努力和成功时，隐匿型愤怒就是一种有效的选择。这可能就是为什么青少年经常偷偷地生气："好的，妈妈，好的，爸爸，我保证今晚完成作业。我知道我必须取得好成绩才能上大学。（现在让我一个人待着，这样我就可以继续和朋友们聊天了。我只想通过那门愚蠢的数学考试。谁在乎上不上大学啊？别烦我，免得我失控，当着你们的面把那本数学书扔出去。）"

在有些婚姻中，一方是支配型伴侣（或男或女），另一方是隐匿型愤怒者。隐匿型愤怒者有时会解释自己忘记了，或答应但不去做，或拖延，这些都是他们认为反抗伴侣的最好方法，而不必面对对方的愤怒。隐藏型愤怒者会说："当她坚持要我去修剪草坪的时候，我不能对她说'不'。否则她会很生气，不停地唠叨着让我去做。所以我告诉她，我这周末会修剪草坪。也许我会，也许不会。"隐匿型愤怒让人保留了一种权力感和对自己世界的控制感。

然而，隐匿愤怒并不是处理愤怒的好方法，尤其是当它成为一种习惯和生活方式时。以下是隐匿型愤怒的人需要付出的代价。

- 持续的愤怒、沮丧和痛苦。隐匿型愤怒的人内心常常感到很不快乐。那是因为他们的愤怒从来没有完全、直接地表达出来。他们即使表达，也是旁敲侧击。这意味着隐匿型愤怒的人几乎从不这样开始谈话："我生你的气是因为……这就是我想要的……"由于心中有许多未了的心愿，他们感到痛苦、沮丧、阴郁和暴躁。

- 失去尊重。隐匿型愤怒的人不会受到别人的尊重。事实上，他们常常是被蔑视的对象。"哦，别费劲让雪莉做那份报告了。你知道，她只会为此发牢骚、抱怨好几周，最后还得我们自己来做。她没什么用。"隐匿型愤怒的人通常不会在他们的生活或事业中做得太好。他们花了太多的时间逃避别人——包括他们的老板希望他们做的事情。

- 感觉自己软弱无能。隐匿型愤怒的人很少感觉自己是强大的。相反，他们认为其他人都比自己更强大、更自信、更坚定。当然，这会伤害他们的自尊。更糟糕的是，因为他们觉得自己软弱无能，他们往往会失败。他们要做的柜子没有完成，报告也只完成了一半。每一次失败都会让隐匿型愤怒的人感觉更糟。每一次失败都会导致他们更多的失败。

- 感到孤独。隐匿型愤怒的人十分擅长跟人保持距离。他们经常躲在地下室、车库或房子的某个角落里。为什么？因为当别人找不到他时，就不能差使他们。但时间久了，孤独就会找上门来。隐匿型愤怒的人必须从藏身处走出来，这样他们才能享受更好的家庭和社会生活。

- 缺乏积极的能量。隐匿型愤怒的人相当消极。他们花了很多时间固执地拒绝别人想让他们做的事。这样做的问题是，他们没有花足够的时间去做积极的事情。有时他们甚至不知道自己想要什么，只知道自己不想要什么："我不想修剪草坪，但我不知道除了看电视还能做什么。"

隐匿型愤怒能带来立竿见影的好处。它能让人们至少暂时不去做他们不想做的事情。然而，从长期角度来看，隐匿愤怒是一种非常糟糕的处理愤怒和冲突的方式。隐匿型愤怒的人可能会形成一种完全消极的生活方式，让自己和周围的人都不满意。

如何停止隐匿型愤怒

隐匿型愤怒的人通过学习如何直接告诉别人自己的需求和感受，是可以得到改变的。隐匿型愤怒的人面临 3 项主要任务。

- 打破对愤怒的否认。
- 挑战软弱感。
- 放弃挫败别人的乐趣。

打破对愤怒的否认

你必须面对现实。有时，你是一个愤怒的人。诚然，你的愤怒是间接表现出来的，但不管怎样，你生气了。每次遗忘、每次说"我不知道"、每次装傻，都是在告诉别人你生气了。

你可能因为两件事而生气：第一，人们总是对你颐指气使，这让你很生气；第二，你也在生自己的气，因为你没有勇气直接告诉他们别多管闲事。

你首先要接受自己的愤怒。除非你尊重内心的愤怒，否则你不会改变。愤怒有其目的，它试图告诉你要掌控自己的生活。不接受愤怒的人，就像只会挖洞的筑路工人。他们越挖越深，却找不到出路。你可以学着用愤怒开辟一条道路，一条通往积极方向的道路。

挑战软弱感

隐匿型愤怒是弱者的武器，每用一次，你就会变得更弱。

当人们认为自己无法与别人对抗时，他们就会变成隐匿型愤怒的人。也许一开始是在面对父母或哥哥姐姐时如此，他们看起来高大强壮，难以挑战；接着是老师和其他掌权者；然后是伴侣、同事、孩子；最后是所有人。

隐匿型愤怒的人总是孩子气的。隐匿型愤怒的人在生活中不会站在成年人的立场，因为他们觉得自己太渺小，不够格当个成年人。

那么，你在害怕谁呢？你不能拒绝谁？为什么？他们是怎么控制住你的？当你和他们在一起时，你觉得自己几岁？

是时候掌控自己的人生了。你已经浪费了这么多年的时间——你一直在说"好的，我晚点去做"，而你实际上想说的是"不"。你的很多时间被浪费在拖延、推诿、不去做别人想让你做的事上，但你也不知道自己想做什么。

你要凝聚你的个人力量、你的勇气、你的决心。变得强大是停止隐匿型愤怒的唯一方法。你要学会相信自己。诚然，当你明确告诉别人你想要什么时，别人可能会反对，但情况不会比现在更糟。因为你隐匿型愤怒的把戏和骗局，他们已经对你很生气了。为什么不让他们面对一些真实的东西呢？真实是最强大的。

放弃挫败别人的乐趣

现在我们进入一个艰难的部分。隐匿型愤怒是很难停止的，因为把那些人"逼疯"是一种享受。隐匿型愤怒的人享受他们的成功。

打败强大对手的感觉真好。

这种愤怒的方式很有效。父母怎么也无法让其打扫房间的男孩，无法平衡收支账单的女人，无法按时回家的男人，他们的脸上会露出同样的微笑。这种微笑仿佛在说："我赢定你了。你越想让我做什么，我就越会反抗。"

你赢了。你一次又一次地证明，没有人能强迫你做任何你不想做的事。我们想知道：你需要多么频繁地证明这件事？证明给谁看？

你以为你赢了，但其实每一次胜利都是失败。你所做的一切都在展示你的消极生活。也许别人不能强迫你做任何事，但你想做什么？你的目标是什么？

以下是隐匿型愤怒造成的一些后果。

- 不知道自己真正想要什么，需要什么。
- 因为没人知道你的渴望和需求，所以它们无法得到满足。
- 变得挑剔、愤世嫉俗、消极。
- 日复一日地生活在自欺当中。
- 让自己和别人都很困惑。

请你花几分钟看看你是如何利用隐匿型愤怒的，可以通过回答以下问题来了解自己。

1. 当我不想理睬别人或按他们的要求去做时，我是如何搪塞他们的？

2. 当我假装认真听，并按别人的要求去做时，我是如何搪塞他们的？

3. 我如何避免直接对别人说"是"或"不"？

4. 我为自己的拖延找了哪些借口？

5. 在前 4 个问题中，哪些是即使别人要求我改变我也愿意改变的？

这里有一个机会让你认识到，当你隐匿愤怒时，你个人会获得什么，会失去什么。首先，检查你获得的东西，把你能想到的、获得的其他东西补充到这个列表中。

当我隐匿愤怒时，我可以：

_____	避免冲突	_____	做个受害者
_____	实现愿望	_____	报复别人
_____	逃避责任	_____	逃避决定
_____	避免犯错	_____	保持控制

其次，检查一下当你隐匿愤怒时失去的东西，把你失去的其他东西也补充到列表中。

当我隐匿愤怒时，我失去了：

_____	别人的尊重	_____	自己的骄傲
_____	对自己的尊重	_____	别人的善意
_____	我真正想要的东西	_____	良好的沟通机会
_____	长期的收益	_____	别人的赞扬
_____	改变的机会	_____	对别人的好感

停止隐匿型愤怒的练习

是的，你可以放弃隐匿型愤怒，但你需要练习新的行为。这是新的游戏计划。

首先，当别人提出要求时，要明确地回答"是"或"不"，没有例外，不找借口。这意味着你愿意并且能够直接处理冲突。这也意味着当你不打算做某事时，你会说"不"，而不是为了暂时摆脱他们说"是"。

找一个人和你一起练习说"是"或"不"。你先说"是"，你的搭档说"不"。你尽可能多地说"是"，而他说"不，不，不不不"。绝对不要说其他的话。你们不能谈论任何具体的事情。只说"是"和"不"，这样你就能把这些词更牢固地植入你的大脑。花一分钟讨论你们的反应，然后双方交换。这次你说"不"，而你的搭档说"是"。

直接、诚实、公开地说"是"和"不"需要勇气，但这是底线。如果你想停止隐匿型愤怒，你就必须放弃所有你发明的掩盖愤怒的方法：不再打游击；不再搞偷袭；也不再嘴上说"是"心里却说"不"；嘴上说"也许吧"，心里却说"下地狱"；嘴上说"以后吧"，心里却说"绝对不行"。

其次，当你感觉受人摆布时，直接告诉别人你的感受。隐匿型愤怒通常涉及权力和控制的问题。隐匿型愤怒的人觉得别人总是在对他们指手画脚，但通常他们不会坦白地面对别人；相反，他们会玩"游戏"。

告诉别人别插手是很重要的。毕竟，你有权做出自己的选择，你的生活属于你自己。

你可以试试这个方法。找一个和你身材差不多的人，让他的手紧紧抵住你的手，来一场推搡比赛，练习用力对抗对方，利用你内心所有的倔强，大声说出"你不能强迫我""我不会再受你摆布"，你就能发现自己的力量。

最后，做出自己的选择。你想让那些人离你远点，你只是把他们推开了，但美好的生活远不止于此。你需要决定你想过什么样的生活。这个改变是最难的，因为隐匿型愤怒的人用"不做的事"来定义自己，而不是用"做什么"来定义自己。"你不能强迫我"往往意味着"我存在"。从现在开始，这种情况必须改变，你需要发现你是谁并做出决定，小决定或大决定都可以。每一个选择都会帮助你发现更多东西，关于什么是重要的、你是谁、你想要什么等。你会开始认为自己是一个决策者。

你可以在早晨做这个练习。把一张纸一分为二：一半纸上写"今天他们不能强迫我做的事"，这是为了尊重你独立的需要；另一半纸上写"今天我选择做的事"，这是为了帮助你成为一个独立的人。

你的长期工作就是设定一些新的目标：你想做什么？在与他人的关系中，你想要得到什么，愿意付出什么？你的愿望是什么，你怎么实现它们？

以下是新的"游戏计划"。

- 明确地说"是"和"不"。

- 不要受人摆布。

- 做出自己的选择。

这就是一个想要停止隐匿型愤怒的人需要做到的。

第三章　向内型愤怒

表达方式：将情绪发泄到自己身上，习惯于谩骂自己、惩罚自己。

"当我对别人生气时，有时我会拿自己出气。"

"我像对别人生气一样对自己生气。"

"我恨死自己了。"

"向内型愤怒"是指将愤怒发泄到自己身上，其结果是伤害了自己。有时是明知故犯，但经常是不假思索。虽然愤怒是一种情绪，但它会导致我们做出相应的行为，比如指责、忽视、羞辱、批评、攻击、谴责、抛弃和伤害对方。当我们用这些行为来惩罚自己时，会发生什么呢？

我们经常听到人们说，他们对自己感到沮丧、生气甚至暴怒。有些人对自己生气，也对生活中的其他人生气，但也有很多人说他们只对自己生气。还有一些人拒绝承认自己有愤怒情绪，却把自己当成一文不值的"垃圾"。他们对自己在这个世界上的存在感到愤怒和厌恶，同时也感到力不从心、束手无策。他们试图为自己的存在寻找合理的解释，却常常陷入挫败感。

在本章中，我们将讨论以下问题。

- 什么时候向内型愤怒是有用的 / 健康的？
- 为什么我们会不恰当地向内发怒？
- 有些人是如何不知不觉地向内发怒的？
- 为什么我们最容易向内发怒？
- 我们是如何用向内发怒来伤害自己的？
- 更好地照顾自己的基本方法。

当我们经常向内发怒，用过多的精力谩骂自己、对自己所做的任何事都感到愤怒时，我们的愤怒就会成为一个问题 —— 对我们自己来说如此，对那些爱我们的人来说也是如此。

向内型愤怒有可能是健康的吗？

向内型愤怒在适当的情况下当然是健康的。如果某件事不是孩子的错，我却冲他大吼大叫，那么我就有充分的理由对自己生气。如果我在一场大派对上花光了一个月的伙食费，我就有理由为自己的错误选择生气。如果我无数次地忽视别人的金玉良言，导致现在我失去了一些重要的东西，而这仅仅是因为我讨厌别人给我建议，那么对自己生气可能会帮助我有所成长。

另一方面，如果我犯了一个愚蠢的错误，不得不把事情重做一遍……好吧，我们每个人都有这样的时候。我可能会感到沮丧，会为自己做错了事而感到难堪——但惩罚自己并没有什么用，辱骂自己或认为自己一无是处也是不合理的。

愤怒是一种信号

向内型愤怒就像汽车仪表盘上的指示灯，它因为某些地方出现了问题而开始闪烁：也许是发动机温度太高，也许是冷却器里没有水了。如果不检查问题，你怎么知道是温度真的太高，还是指示灯失灵了？事实上也许是接触不良，也许需要降温。我们都应该在愤怒有助于让我们成为更好的人的时候对自己生气，健康的愤怒有助于我们成为更有安全感、更优秀的人。然而，我们不要总是对自己生气。

向内发怒和向外发怒并不是完全对立的。两者有可能同时存在。然而，大多数向内发怒的人宁愿伤害自己也不愿伤害别人。因此，这种愤怒类型与回避型愤怒、隐匿型愤怒和羞耻型愤怒有相似之处。

不恰当的向内型愤怒

当人们把愤怒发泄在自己身上时，他们可能很难停下来。

"我真是个笨蛋。我从不知道该说什么。有时候我真想扇自己一巴掌。我应该明辨是非。我什么时候才能学会？我活该头痛，这是肯定的……"

对自己生气变成了一种习惯——就像其他习惯一样。向内型愤怒的人习惯了把愤怒压在心里，习惯了谩骂自己。很快，他们就会觉得这很正常。这怎么也比跟别人吵架容易，因为别人还会回嘴。

以下是一些向内型愤怒的例子。

詹米不想让任何人生气，因此，她总是对自己不想做的事情说"是"，对自己不想接触的人说"是"。她没有时间为自己负责，甚至没有时间好好照顾自己。她不是在忙着取悦别人，就是在帮别人摆脱困境。有时，詹米真的要崩溃了……但她仍然拼命工作，不好好照顾自己。她说她不生气——她不会生气，她也说自己"无关紧要"，并且真的这样对待自己。

卡伦说她从来不想伤害自己，但她有时确实会犯错。当她觉得自己犯错时，她的大脑就会变得混乱，会同时想到太多事情，而且会发生很多意外。她会在做饭时烫伤自己，吃东西时烫到舌头，下楼梯时忘记还有一个台阶而摔倒在水泥地上，削果皮时划伤手。有一次，她倒车进入自家车库，却没有意识到门是关闭的，结果撞坏了自己的新车。

当她对某件事生气并忽视这一点时，她就会"碰巧"伤害自己。当她因为别人厌烦她而生自己的气时，也会发生这种情况。卡伦其实很生他们的气，但她也会为自己的愤怒感到内疚或害怕。然后她发生了某种意外，她就不那么害怕了，有时也不那么内疚了。

旺达通过不良嗜好和过激行为来发泄她的愤怒。她知道自己很生气，但她不想再伤害别人了。她知道别人很担心她，但她不想让他们知道她的内心世界。所以，她通过攻击自己来释放紧张的情绪。

吉米想的是如何自杀，而不是和父母吵架。是的，有时候他觉得父母活该承受他自杀了这种痛苦，但当他发泄愤怒时，他妈妈只会对他发火。他爸爸本就生病了，可能会因此病得更重或更难过，他一想到这种情况就感到非常内疚。所以，当他不能按照自己的意愿行事且被父母不公平地对待时，他就会充满怨恨和愤怒。他觉得自己毫无价值，不可爱，觉得自己不应该这样。当他有这种感觉时，他就会坐下来思考如何自杀。既然这是对自己的愤怒，他就不必感到内疚了。

艾米拼命地刷她的信用卡，而不是去做她真正想做的事情——她认为自己毫无价值、无法融入任何地方，她在一次次地为这个信念买单。

每当事情开始步入正轨时，托马斯就会自毁前程。他会把所有问题都归咎于外界。然而，如果他仔细观察，就会发现是他在给自己下套，于是他又把愤怒发泄在了自己身上。

有很多行为模式会导致你向内发怒。以下是一个小测验，可以帮助你了解自己是否存在一些行为模式导致你把愤怒转向自己。

向内型愤怒测验

✧ 我不想伤害任何人的感情。

✧ 别人可能会生气，但我不会。

✧ 我很难真正关心自己。

✧ 当我感到生气时，可能只会表现得有点不开心。

✧ 我告诉自己，即使别人生气，我也不应该生气。

◇ 当我说某人让我感到恶心时，我是真的恶心。

◇ 我就是无法释放压力。

◇ 我真正想要的是没有冲突的和平。

◇ 即使我生别人的气，我也觉得我应该确保他们不受伤害。

◇ 我会因为自己安慰别人的事情而生自己的气。

◇ 别人不知道我戴着"面具"，因为我很擅长伪装。

◇ 通常我会把我所有的感受都藏在心里。

◇ 当我感到愤怒或怨恨时，我会感到内疚。

◇ 当我生气时，我为自己感到羞愧，我认为自己应该表现得更好。

◇ 我太忙了，没时间照顾自己，即使我知道我应该这样做。

◇ 我总是做错事。

◇ 当我生气时，我会有一种上瘾的行为。它能让我在当下感觉好一些，但过后感觉更糟。

◇ 我生气时很容易出意外，比如砸到自己的手指。

◇ 有时候我会非常生气，甚至想要伤害自己。

◇ 如果我伤害了自己，也许别人就不会伤害我了。

◇ 我很难关心自己。

◇ 我不在乎自己做什么，只要不伤害别人就行。

在上述你认同的陈述旁边打钩，数一数一共打了几个钩。如果你打了 3 个及以上的钩，想想你如何改变才能更好地对待自己。如果你打了 6 个及以上的钩，你很可能有一些向内发怒的习惯，这些习惯会对你的生活产生负面影响。如果你打了 8 个及以上的钩，你一定有一些向内发怒的习惯需要改变，改变一些事情会让你对生活的态度好很多。

"我会向内发怒是因为什么？"

我们大多数人都会把愤怒藏在心里，因为我们不想正视自己的愤怒。例如，唐发现自己对朋友蒂姆的颐指气使感到非常生气，如果他告诉蒂姆他不喜欢这样，那么他们友谊的小船可能就要翻了。如果蒂姆因为唐的直言不讳而生气，唐还能和谁做朋友呢？也许唐也认为自己没有权利对别人生气。当他还是个孩子的时候，他就知道：如果出了什么问题，他就应该承担责任；不管出了什么事，都是他的错。所以他为什么要说那些会让蒂姆生气的话呢？即使他很头疼，最后还是憋着不说。

我们当中也有一些人像雪莉一样，认为对别人生气就等于刻薄，等于伤害他们。她自己就被愤怒的人伤害过，所以她不会对别人这么做。但在内心深处，她却对自己妄加评论——自己哪里都不够好！所以她经常冲自己发火，不吃东西，拼命锻炼。她对自己无法变得完美而感到愤怒。

对自己生气的人可能从长者那里学到：对别人生气意味着"失

控"，或者"只有疯子才会发怒"。他们甚至可能听过有人把发怒的人形容为"疯子"和"无理取闹"。

我们认为，把愤怒发泄在自己身上的人通常被教导：对别人发火是不道德的。许多人已经感觉到，通过顶嘴来抗议看似不公平的事情只是在"找麻烦"。如果他们去找这样的"麻烦"，恐怕会受到很多惩罚。他们不希望别人生自己的气，也不希望别人惩罚自己，有时他们会惩罚自己，只是为了不受别人惩罚。

此外，道德伪善、自我攻击、愤怒、受虐倾向，以及脆弱感，在许多人的生活中都产生了深远影响，因此他们形成了以下一种或多种信念。

1. 如果我把愤怒发泄在自己身上，而不是对别人生气，我就是一个在道德层面更优越的人。

2. 我们小时候经常被教导：我们无权抗议别人的言行。我们被告知这样做是粗鲁、没良心、错误、不忠诚、侮辱人或不理智的。因此，我们学会了要么压抑自己的愤怒，要么因为这些愤怒情绪攻击自己。我们学会了不做"不得体"的事情，我们努力避免遭受别人的惩罚。

3. 我们可能已经发现，当我们反对或不同意某件事时，我们会被别人辱骂、殴打，或者别人对我们的爱会消失，所以还是对自己生气更安全。我们宁愿攻击自己，也不愿被别人攻击。

4. 我们已经发现，表达愤怒可能会改变我们与别人的关系。我们不想破坏这种关系，因为我们不知道会发生什么。我们感到脆弱，担心结果。为了不冒险改变关系中的任何事，我们决定把愤怒转向自己，或者将它压下去。

5. 我们可能会像孩子一样认为，如果我们做错了什么，我们惩罚了自己，那么世界（或父母）就不会再惩罚我们了。如果我们惩罚了自己，我们就会觉得自己更能控制所发生的事情。

6. 我们经常感到羞耻和不被别人接受。正因为如此，我们在自我憎恨中把愤怒转向自己，认为必须以某种方式证明自己的存在是合理的。我们觉得自己有缺陷，并因此对自己感到愤怒。

这是一份让人痛苦的清单，列举了我们对自己生气、伤害自己的原因。但请注意，这份清单中的很多事情我们都可以选择不相信，我们并没有有意识地去相信或采取行动，只是因为我们受过别人的伤害而产生了无意识的信念。有时，我们甚至觉得自己有责任不去伤害任何人，因为我们亲身经历了这些被伤害的感受。难怪我们会感到愤怒。也许我们并没有太多的过错，也许我们习得的思维和信念才是问题所在。

我们很快就会讨论可以改变的方法。让我们先来看看，当我们对自己非常生气时，我们在别人眼中是什么样子的。

抑郁和焦虑会导致你向内发怒

抑郁会让你觉得自己什么都做不好。有些人还会因此产生愤怒情绪。如果你患有临床上的抑郁症，你更有可能产生自杀的念头，并通过割伤、咬伤、抓伤等方式来伤害自己。你也更有可能过量饮酒和服用药物（包括处方药），试图改善这些情绪。

焦虑会让人恐慌、无法融入社交环境、过度恐惧和烦躁不安。这可能会导致自行用药和成瘾之类的问题。有些人过于焦虑而无法处理情绪上的痛苦，他们可能会通过伤害自己来"释放痛苦"，或者说将其转变成身体上的痛苦，而不仅仅是情绪上的痛苦。这在某种程度上使痛苦变得"真实"。这可能是这些人寻求帮助的信号，也可能是一种包裹在自我攻击中的报复行为。

很多时候，出于冒险、寻求归属感和关注（主要是同龄人的关注）的需要，学生们甚至会玩一些"游戏"，他们在其中通过自我惩罚的方式来跟对方竞争，例如割伤、呕吐、烧伤等。这实际上就是那些没有想好如何处理自己强烈情绪的人在向内发泄他们的愤怒。除了渴望同伴或父母的关注，以及想要有归属感的学生会如此，我们还看到过某些群体中的许多孩子也会尝试用这些方法来处理他们的情绪，他们之中有很多人有严重的抑郁倾向，或自尊水平很低。

如果你也在以这样的方式伤害自己，就去找心理咨询师、父母或朋友谈谈，也可以找那些已经从相同经历中恢复过来的人谈谈。找时间与一些能帮助你的人谈谈，他们会告诉你如何改掉坏习惯，帮助你寻找更好的方法来照顾自己。阅读本书可能会帮助你意识到你是如何伤害自己的，但你需要有智慧、有爱心的人来帮助你停止这些行为，更好地管理你的生活。

当我们把愤怒转向自己时，有哪些模式会伤害我们？为什么向内型愤怒并不比其他愤怒类型更好？答案很简单，当我们没有意识到自己的愤怒，并且没有恰当地利用它时，我们就会伤害自己。愤怒是理性行为的有用指南，但当我们滥用愤怒时，我们会伤害自己，而且当我们伤害自己时，往往也会伤害我们身边的人。

当我们把愤怒转向自己时，主要涉及 5 种模式，它们是：

- 自我忽视
- 自我破坏
- 自我责备
- 自我攻击
- 自我毁灭

自我忽视

还记得人们是如何忽视别人（尤其是孩子）而不是真正对他们生气的吗？这就是自我忽视的源头。起初，你开始无视自己。你会问：为什么要关注自己呢？你的大脑在咆哮，你的身体在呐喊，你的情绪在沉沦。

你开始更多地关注别人，而不是自己。如果你不知道自己的感受，一开始生活似乎会很容易。如果你把自己想要的放在次要位置，也许其他人都会很开心。如果没有冲突，你就不必注意自己的愤怒。你会更好地完成任务，更努力地工作。这样做很容易，因为你关注的事情（家庭、工作、事业、居家护理、学校教育、学龄前孩子的教育和娱乐等）比你自己更重要。你相信这样做生活就会越来越容易。很快，即使你已经在竭尽全力地工作了，冲突还是出现了：似乎没有人对你感到满意，你睡得更少了，睡得不香了；你吃得也不好或吃得很匆忙，因为你没那么重要；你不再有时间锻炼身体；有些日子，你根本不在乎生活的走向——你只想熬过这一天；哎呀，你去看医生又迟到了，也许你根本就不应该预约，因为看医生很花钱，还会花费你少得可怜的时间。

与此同时，你还很忙，不管你要承担的责任是多是少，你都开始显得力不从心。如果要放弃一些东西，你就会感到内疚。你能放下什么？或者，你认为自己不能放手，仍然应该为它们负责。你会变得焦虑和抑郁；也许你会感冒，而且一直好不了。其他人开始担心你。他们来问候你，而这让你很尴尬。你微笑着说："我很好。"你不想请求他们帮忙，你认为自己应该能处理这些事。通常情况下，你根本感觉不到愤怒，只是感到不知所措，但你不会停下来好好照顾自己，不会去调整你的日程表，不会做不完美的事情。虽然你知道自己只是血肉之躯，但你坚持把自己当成一台机器。

这种自我忽视是对自己发怒的一种方式。你的基本需求没有得到满足，你也不关心自己的感受。你可能对自己的责任有一些怨恨，或者感到痛苦，但想想是谁让你一直坚守"岗位"的？有时候，事实是，你把别人训练成了依赖你的人，你没有注意到他们对你的担心，而这会让你得到什么呢？支气管炎？肺炎？另一份兼职工作？你不可能成为很好的照顾者，因为你太忽视自己了。

这种自我忽视的模式很难改变，而改变这种模式又势在必行。这意味着，你必须找到一种方法，除了为别人做事之外，也要考虑到自己的重要性。

以下是你需要做的事情。

- 注意你是如何冷落自己、忽视自己的需求的。问问自己，你是怎么相信你应该对别人比对自己更好的。如果答案是这样做在社会或道德层面更正确，那么你应该继续深究，直到弄明白你的羞耻感从何而来。

- 放慢脚步，这样你就可以意识到自己的感受，饿了就去吃东西，累了就休息一会儿。

- 开始做一些积极的事情来照顾自己。要意识到，当你拒绝做某事的时候，你会有一种内疚感，但无论如何，你必须说"不"。这个时候，不要急于帮助别人。花点时间慢慢吃顿饭，打个盹儿，洗个澡，绕着街区散散步，和你想念的人聊聊天，或者看看你最喜欢的电视节目——能让你开怀大笑的那种。

- 要明白无论是对自己还是对别人，都需要像对待天下最有价值的东西一样——带着温柔、关心和爱。如果到了睡觉时间，你还没有为自己做过一件好事，那你就是停步不前了。明天早上重新开始吧。我们知道这对自我忽视者来说真的很困难。最后说个好消息，我们认识一位老太太，她多年辛勤地工作，在参加完社区和教会活动后，她学会了说"不"，从而调整了自己的日程表，给自己腾出了一点生活空间。她一直都会画画——她生来就有这种天赋——但她告诉我们，在承受多年的挫折和责任之后，她现在第一次学会了体验什么是"快乐"。她经常为自己作画，也为教堂、学校、医院和养老院作画。82 岁的她觉得自己的生活又重新开始了，她说："这是我第一次真正感受到快乐！"

自我破坏

自我破坏是偷偷对自己发怒的一种方式。例如，斯凯是个精力充沛的人。她什么都想做，并且想做好。问题是，她越想完成某个项目，就越不可能真正完成。尽管她十分能干，但似乎很多项目都被她搞砸了：要么是她在快来不及的时候才开始做（10月下旬才开始粉刷她在威斯康星州的房子），要么是遗漏了一些重要的事情（她要填写职业工作的续签表，但在邮寄截止日期之前把它弄丢了）。

她越来越意识到，她所做的事情从一开始就是失败的尝试。她过去常说："当然，我会做的！"但现在她说："好吧，我试试。"当事情进展不顺利时，她经常感到尴尬，但仍然试图在最后一刻做出重大改变。任何她即将完成的东西都有散架、丢失、找不到头绪或草率完成的危险。她再也看不到自己的优点，她只看到自己的每一个失误。她的自尊水平一落千丈。

她能够"梦想"她将来真正想做的事情，但一旦开始实施，事情就变得越来越难。她的朋友和家人都知道，当她为某件事兴奋不已时，这件事很可能不会真的发生。如果他们帮忙，她反而会觉得自己更无能。现在，她对寻找新项目既爱又恨，因为她似乎从来没有真正成功过。这种沮丧感和失落感对她来说非常熟悉。

斯凯的邻居托尼也是做什么事情都有困难，但这并不是说他不想有所作为。他认为他会写出一部非常棒的小说，而且如果他能攒够初期投资的钱，就能开个面包店并大赚一把，不过面包店的设备成本很高。他最接近开面包店的经历就是给便利店送面包和小吃。

他本以为自己早该成功了，但他如今已经42岁，还在为此而奋斗。他知道自己从来没有实现过梦想，偶尔也会怀疑自己是不是有什么问题。他打算去做心理治疗，进行一场所谓的"深入谈话"，然后照例去喝一杯，而不是去想那些事。在他看来，明天又是新的一天，也许明天会更好，但事实并非如此。

托尼总是和有问题的女人交往，她们总是满腔怒火。他交往过的三个女人全都喜欢指责别人，其中两个更是长期酗酒。托尼不相信自己会生气，所以他只会忍气吞声。他试图讲道理，并试图教会他的伴侣讲道理。他试图平息她们的恐惧，满足她们的期望（然而根本无法满足）。他确实表现出了积极的关怀。他想以身作则，让她们知道男人并不都是坏蛋。尽管如此，他还是被指责忽视、虐待、利用女性，以及懒惰、不关心人。虽然托尼并不完美，也承认过去伤害过女性，但他确实选择了愤怒的指责者作为伴侣。他花了 7 年时间才离开最后一个伴侣，因为他真的不想伤害她的感情，他希望她能意识到有些男人是不一样的。他之所以忍受这一切，是因为这样他可以非常肯定地告诉自己，他是一个好人，是别人误解了他。他讨厌这样的生活，但当他如此失败的时候，他还能做些什么让自己觉得有价值的事呢？

斯凯和托尼都通过自己的行为阻碍了自己的发展。斯凯是亲自动手，托尼则是寻找经常打击他的伴侣，以防他的自我破坏做得不够到位。他们都知道出了问题，但他们似乎无法立即改变。

人们往往不太了解自我破坏的模式。这是因为，无论一个人表现得精力充沛还是丢三落四，羞耻、愤怒、反叛、怨恨和行动瘫痪都是其中的一部分。许多自我破坏者被反复告知他们肯定会做错事，必须如何才能把事情做好，他们会因为没有把事情做好或被别人认为不够好而感到羞耻。

他们已经变得过于敏感，认为别人的批评既是命令，也是他们必须满足的期望。被命令做事的感觉也会让他们感到羞耻，随之而来的，是怨恨和自我挫败的愤怒。然而，这种愤怒隐藏在尝试与失败、努力与能力不足的面具之下。最初，他们戴上这个面具是为了遮掩羞耻、伤害和愤怒，因为这些情绪是他们无法表达的。但不知从什么时候开始，他们把这种命令的声音变成了自己内心的声音。自我破坏是说"你不能强迫我"的一种方式，尽管自我破坏者不仅对别人这样说，也对自己这样说。

还有两种策略会导致自我破坏者无法实现目标：制造混乱和行动瘫痪。当一个人使用分散精力的方式来减轻没有实现目标的羞耻感时（即使他想要实现目标），制造混乱就会登上舞台。当一个人对做某件事产生强烈的心理冲突时，内在的焦虑就会使其行动瘫痪。

如果你善于自我破坏，你可能自我感觉很糟糕。如果你学会发自内心地对别人说"不"或"暂时别管我"，那么你会感觉好很多。事实上，学会做到这一点的确很困难，因为一个人自我破坏的原因是他不想做某事，同时也不想发生冲突。

- 重要的是，要记住，你是一个成年人，你要去做你想做的事情，不要让童年的恐惧阻碍你。事实上，如果这项工作是你的，你可以做，也可以不做；你可以按照自己的方式去做；你不需要放弃追逐自由，也不需要因为按照自己的方式去做而受到呵斥或羞辱。如果某项工作不属于你，你可以现在就拒绝它，不要把自己塑造成英雄，最后白白牺牲。如果你说了"是"或拒绝说"不"，那么不要责怪别人，自己坚持下去。

• 作为一个成年人来做这项工作，让你内心的小孩稍微帮一下忙，不要追求完美，让所有的事情变得井然有序。当你想放弃时，就休息一下，然后重新开始。即使你觉得自己不想做这项工作，当你再次投入进去时，你也可能会喜欢它，通过完成它，你会习惯于获得更多的成功。

• 学会对自己说："每一天，每一件事，我都会取得成功。"一直说到你相信为止。如果这不管用，那就说"这种生活不是我的错"。你可以用你喜欢的旋律唱"不"字歌，例如我们喜欢这样的旋律："用冬青树枝装饰大厅，不不不不，不不，不不。"这对你做出真正想做的决定是一个很好的练习。可以肯定的是，当你习惯于对其他人说"不"时，那么说出你的真实感受就会变得更容易。

• 当你感到害怕或行动瘫痪时，请记住，要想解除行动瘫痪，你必须多加练习。如果你对某事一无所知或者必须给某个陌生人打电话，那就去做吧——一旦开始，就不要停下来，直到完成这件事。你可以事后再修正自己的做法，可以和别人讨论这件事，但不要批评自己。

• 最重要的是要提醒自己，自我破坏带来的糟糕感受和自怨自艾不是奖励，你应该给自己一些更好的奖励。

自我责备

向内型愤怒的第三种习惯模式是自我责备，这种模式很简单。有这种行为模式的人想当然地认为，如果出了什么问题，就是他们自己的错。查看下列语句，看看这些话你是否熟悉，是否对自己说过。

- 如果我不在这里，可能一切会更好。
- 如果当时我在场，可能就不会发生坏事了。
- 如果我不是个笨蛋……
- 我知道那样不好。
- 怎么会有人爱我？
- 我是个傻瓜。
- 我简直在犯傻。
- 我什么都做不好。
- 我活该（被惩罚、被遗弃、被责骂、被抛弃等）。
- 我怎么能那样做？
- 我到底是怎么了？
- 看看我现在做了什么？
- 我又说错话 / 做错事了。
- 我应该蜷缩起来等死。
- 我要咒骂自己。

大多数自我责备者为别人承担了太多的责任。不知何故，他们认为如果出了什么问题，那就是他们的错，他们有责任确保事情顺利进行，让大家都高兴。这是很有技术含量的。如果食物有问题，即使它们不是出自你的厨房，你也应该在上桌前就发现。如果你当时在场就能帮朋友一把，他就不会滑倒并摔破膝盖了，你为什么不在场？如果另外两个人开始争吵，而你不能分散他们的注意力来让他们停止争吵，那么你甚至不应该在那里出现。

改变意味着要改变一些基本的思维模式，每种思维模式都必须经过反复测试，直到你对改变感到满意为止。

- 问问自己："是谁说我要为此负责的？""谁跟我说的？"
- 问问自己："我真的还相信这些吗？""我对别人有这种想法吗？""我会责怪他们吗？""我的朋友安德烈亚都不为此内疚，我为什么要内疚？""我怎么知道会发生什么？"

然后帮助自己：

- 告诉自己，这不是你的错。告诉自己，你来这里是为了学习和给予，而不是为每件事感到内疚。
- 告诉自己，因为你能从内疚和羞耻中"幸存"下来，所以你应该获得一枚奖章。
- 想象给自己一个拥抱，然后真的给自己一个拥抱。
- 告诉自己："我只做我能做的事。"
- "对我来说，今天已经足够好了。"

- "我很完美。"

- "我不内疚，并且我能够回应别人。"

- 回忆别人教你责备自己的场景。这个人是谁？你为什么对这个人感到害怕？你现在真的有必要害怕这个人吗？

- 把你内心的"责骂者"想象成一只护卫犬，它让你规规矩矩，这样别人就不会生气，不会责骂你。想一想，你希望如何重新训练你的"护卫犬"，它需要注意哪些真正有用的事情？它应遵循的合理规则是什么？

自我攻击

自我攻击是向内型愤怒的第四种习惯模式。虽然这种模式通常在一个人成年后形成，但它更有可能在一个人尚未成年时便已形成。许多自我攻击者都是在经历残酷的虐待后学会了自我攻击，而且他们的自我攻击可能有很多种方式。

当人们在身体上和言语上攻击自己时，自我攻击就发生了。自我攻击可以包括多种身体上的攻击。

自我攻击者的基本信念是：自己必须受到惩罚，理应受到攻击。他们的这种情绪不再是愤怒，而是对自己的愤恨。自我攻击者对自己说出的话是最伤人的。让自己受伤很常见，而流血通常是他们自我攻击的一部分。伤害自己成了他们向别人展示自己有多糟糕的一种方式。

同样可能存在"如果我伤害了自己，你就不会伤害我"的因素。此外，对一些人来说，自我攻击可能是他们继承父母虐待式"情感遗产"的唯一方法。

有些自我攻击者可能无法避免地会与伤害他们的伴侣在一起。然而，这并不是伴侣可以伤害他们的借口。任何人都没有理由对自己的伴侣使用暴力。在这种情况下，施虐者找到了可以支配和伤害的对象，而自我攻击者可能从未经历过没有攻击的关系，或者不知道如何建立一段真正安全的关系。

另外，别人的攻击很难完全解决自我攻击者的问题。自我攻击可以发生在不同的层面。

自我攻击在不同的人身上有不同的运作方式。有些人可能会一边自我攻击，一边无比希望别人能介入，在第一时间帮助他们结束痛苦。另一些人可能会选择更极端的方式。还有一些人可能将愤怒的、有时是实施惩罚的家庭成员、团伙成员、伴侣或朋友内化。他们相信了那些人说的话，现在他们把自己当成了惩罚者。原本的惩罚者也可能让自我攻击者对别人或动物做出残忍或致命的事情，而现在对完成这些"任务"的憎恨推动了他们的自我攻击。

此时最重要的是为自我攻击者提供帮助。他们需要得到帮助并做到以下几点。

- 弄清楚内在的惩罚者是什么样的，从而开始理解并拒绝那个惩罚者。
- 降低自我攻击的频率和强度。
- 注意哪些情况更容易诱发自我攻击，例如接到电话、喝酒或闻到某种特定的气味都可能成为诱因。找到诱发自我攻击的因素非常重要，因为这是解决问题的关键。

- 学会选择不苛责、不挑剔自己的朋友。如果有人能看到并欣赏自我攻击者的优点，而且完全不纵容他们的自我惩罚行为，那么自我攻击者就会健康成长。

自我毁灭

以自我毁灭的方式向内发怒是非常残酷的。通常，那些有自我毁灭倾向的人除了愤怒，还有着强烈的羞耻感，他们认为自己一无是处，而别人哪里都好。因此，别人无法理解他们，他们也拒绝接受周围人的任何关心、照顾、赞美或安慰。

这会导致极大程度的无助和绝望，我们认为，绝望是所有情绪中最为致命的。自我毁灭者觉得自己"不应该存在"，并对生活失去希望。因此，他们看不到任何美好的事物，也无法好好地思考。自我毁灭的倾向可能会导致严重的身体和精神障碍，别以为你能幸免于难。

我们就见过一个非常聪明的人变得智力迟钝。事实上，我们在这个领域的所见所闻，一言难尽。不过，重要的是要记住：绝望的情绪是致命的，当你意识到自己感到绝望时，就应该想办法去做点什么，把绝望转变成爱、感激和勇气……甚至是愤怒，只要你不把它转向自己。有所意识的时刻就是力量诞生之时，就是采取新行动之时，也是回到那些只要你愿意就会给你安慰的人身边的时刻。

"我不应该存在"的答案是"我存在"。但这种改变并不容易发生，要做到这一点，就必须学会简单地看待自我——不带评判、不带赞许、不带否定地看待自己。你只是存在就很好，你活故你在。然后你再去考虑复杂的事情。

辩证行为疗法常常很有帮助，其他强调不评判的疗法也是如此。它们能帮助你明白：你必须接受关怀，并承认你会影响别人和别人的生活。它们还会帮助你认识到：因为世界在你眼里被一分为二，所以你才感觉自己哪里都糟糕，而你可以学习一种不同的思维方式。

自我毁灭的人需要表达自己的绝望，也需要外界协助他们挑战这种绝望。几乎每个人内心深处都有一个想要存续生命的自我。这类人需要接受抑郁症的评估，并且需要他人的帮助。寻求帮助是成长的一种方式。

第二部分

爆发性的愤怒

第四章　突发型愤怒

表达方式：随时随地都可能爆炸，情绪来得快，去得也快。

爆发性的愤怒与掩盖性的愤怒截然不同。爆发性的愤怒者知道他们很生气，他们会告诉别人自己生气了。他们很容易被激怒。爆发性的愤怒者会大喊大叫、咒骂别人、扔东西、砸东西、威胁别人、推人、掐人、咬人、打人。

在这一部分，我们将描述4种爆发性的愤怒。本章讲的是突发型愤怒。这种愤怒来得快，去得也快。就像舞台上的魔术师一样，突发型愤怒的人表演的把戏是："现在你看到了，马上你又看不到了。"

第五章的主题是羞耻型愤怒。过度敏感的人一旦被批评、被贬低或被忽视，就可能勃然大怒。他们的愤怒来自自我感觉不够好。

第六章讲的是故意型愤怒。这种愤怒类型的人会故意生气。"我就要我想要的，现在就要。把它给我，否则我就发飙了。"这是他们的愤怒所表达的心声。

第七章描述的是兴奋型愤怒。这些人寻求愤怒带来的快感。他们想要发怒时那种肾上腺素激增的感觉。

爆发性的愤怒是有其价值的。例如，突发型愤怒具有直接的生存价值。科学家指出，人类大脑在感知到危险后，一秒之内就会对危险信号做出反应。这几乎可以让身体在瞬间做出反应，比如，如果酒吧里有个醉汉拿着一个破啤酒瓶朝你走来，你突然发怒就是个好主意。这时，你的攻击本能会发挥作用，从而帮助你保护自己。因此，在某些情况下，发怒甚至可以救你一命。至少发怒者可以让别人明白他们的感受。但爆发性的愤怒又是危险的。人们会因此受到伤害，关系会因此遭到破坏，甚至可能因此失去工作。如果你是一个爆发性的愤怒者，请仔细阅读这一部分内容，因为你可能需要做出一些改变。

一受挫就失控

特丽莎有个问题。她的情绪会像烟花一样爆炸，但她不只是在美国独立日那天爆炸。她可能在任何时刻爆炸，几乎每天都是如此。

她是这样说的："我很困惑。每当我感到受挫时，就会失去理智。前一分钟我还在正常说话，一切都很好，我感觉很好；下一分钟我就会冲着乔或孩子们大喊大叫。在工作中情况会好一些，但上周我告诉我的老板，她是我见过最差劲的上司。于是她让我回家待一天。"

特丽莎一生气就觉得自己失去了控制，好像被一股强大的暗流卷入了大海。"天哪，"她想，"我在干什么？为什么我会说出这么可怕的话？我是不是疯了？"但她停不下来。愤怒来得如此突然，如此出乎意料，愤怒似乎掌管了一切。然后它又不见了——"噗"，愤怒消失了。

特丽莎长叹一口气，说道："我很高兴一切都结束了。"有时，她会感觉好多了，如释重负。此时她摆脱了沮丧、紧张和焦虑。但更多的时候，她环顾四周，看到人们脸上受伤的表情，顿时感觉糟糕透了。

但这就是让特丽莎惊讶的地方。有些被她吼过的人还在难过，他们想要谈谈发生了什么。但不知为什么，特丽莎已经不生气了，一切都结束了。这有什么大不了的？她已经不生气了，谈谈有什么用？

本章的目的是帮助大家理解突发型愤怒，并为大家提供更好地控制愤怒的建议。为此，我们需要解开两个谜题：

为什么有些人比其他人更难控制愤怒的爆发？

为什么突发型愤怒的人会出乎意料地爆发怒火？

让我们先从第一个谜题开始。

我不知道"枪已上膛"

你走在街上，想着自己的事情。突然！一股怒火涌上心头。它让你发疯。你咆哮，你怒吼，你无法停止。它太激烈了，让你突然爆发。这就是突发型愤怒的人描述的感觉。

老实说，当我们刚开始治疗愤怒的人时，我们觉得这些话听起来很不真实。怎么会有人察觉不到自己的愤怒呢？毕竟，有很多迹象表明你正在生气：身体上的变化，比如呼吸急促、音调升高；情绪上的暗示，比如感到恐慌或头痛；愤怒的想法，比如"我再也不要忍受这些了"。这些变化都在告诉人们，他们要生气了。很难相信有人会无视它们。这听起来确实像是在拼命地逃避责任："别怪我。我没办法控制它。愤怒来得太突然了，我停不下来。"

不过，后来我们改变了想法。这世界上有太多的特丽莎，太多的人发誓他们的愤怒是突然被激发的。我们不得不相信他们。

在过去的 10 年里，人们对人类大脑进行了大量的研究。从这些研究中可以明显看出，有些人的大脑在控制愤怒和攻击性方面确实不如别人。例如，有些人的大脑前部（前额叶皮层）的活动相对较弱，而这个部位有助于我们控制冲动；还有些人的大脑情绪中枢（边缘系统）过于活跃，因此他们的情绪来得特别快、特别强烈。大脑中还有其他一些问题可能会使人更容易突然发怒。药物治疗可以帮助存在这些问题的人。

如果你尝试了很长一段时间来戒除强烈的愤怒，但仍然无法控制自己的脾气，你可能需要咨询医生，考虑进行适当的药物治疗。然而，在本章接下来的部分，我们将假设你可以通过承诺和训练学会改善自己的愤怒反应。

让我们为本章接下来的内容做一个简单的假设：没有人会莫名其妙地发怒。愤怒从来不会毫无征兆。它不是凭空冒出来的，总会有一些警示信号，但你必须主动寻找它们。这就是问题所在。

突发型愤怒的人看不到任何警告信号，因为他们不会去寻找这些信号。

我们经常看到突发型愤怒的人"怒火中烧"。他们实际上和其他人没什么不同。他们攥紧拳头，他们来回踱步，他们担心、烦恼、喃喃自语，他们眉头紧锁，他们眯起眼睛、怒目而视。但有一点不同，与其他人不同的是，他们不会注意到这些迹象，他们没有意识到自己内心的紧张正在加剧。

那些突发型愤怒的人不知道"枪已经上膛"。他们不知道这把枪一触即发。最糟糕的是，他们甚至不知道自己带着枪。

为什么有些人比其他人更难控制自己的愤怒？就是因为他们没有注意到这些警告信号。

我们稍后会提出注意愤怒的警示信号的方法，但首先大家需要对突发型愤怒有更多的了解。

要解开第二个谜题，即为什么突发型愤怒的人会出乎意料地爆发怒火，首先要了解受挫和暴力冲动的本质。

受挫和暴力冲动

冲动：突然去做一些事情。

暴力冲动：突然不理智地想要伤害某人。

你安静地坐在沙发上，听无聊的玛蒂尔达姨妈讲那个陈旧的故事："有 4 位女士带着柠檬果冻和沙拉去野餐……"突然间，你有一种强烈的欲望，想要尖叫，或者踢亲爱的玛蒂尔达姨妈一脚，或者冲出房间，或者这 3 件事都做。这就是暴力冲动。

几乎每个人都会产生愤怒和暴力冲动，即使是玛蒂尔达姨妈也可能好几次偷偷想"掐死"你。但她没有去做，你也没有去做，因为你们按规则生活。规则要求你必须控制自己的冲动。你怎么想都可以，但你不能随便开口或动手。

规则失效的后果可想而知。只要拿起报纸，看看这样的新闻就知道了：在 30 秒的争吵之后，一个少年杀死了另一个少年。如果我们都这样生活，那么社会秩序将不复存在。

也许每个人都会偶尔屈服于愤怒的冲动。爸爸刚踏进家门，孩子们就向他要零花钱，于是他大发雷霆。奥尔西娅生气地捶打男友的肩膀，因为他的鼾声把她吵醒了。15 岁的辛西娅破口大骂，因为妹妹偷偷穿了她最喜欢的毛衣。

由于激素的变化，青少年经常难以控制突如其来的愤怒。儿童更难控制自己的冲动。他们试图保持安静，但有时攻击的冲动会占据上风。然后，他们会向任何使其受挫的东西发起攻击。

婴儿完全无法控制自己的冲动。如果他们饿了，他们就会哭泣。如果哭泣没有立即奏效，他们就大发脾气。而且，他们一旦开始就停不下来。就算爸爸或妈妈拿着奶瓶出现，他们也会因为太生气而拒绝喝奶。首先必须抱起他们，安抚他们。即使他们开始喝奶了，还是会哭哭啼啼。但突然之间，这一切就结束了，好像什么都没发生过。

突发型愤怒的人有控制冲动的能力，但有时他们似乎忘记了这一点。一旦受挫，他们内心的小孩就跑了出来。公交车司机厄尼就是一个很好的例子。每当他不能快速地修好车时，他就把工具扔得到处都是。高尔夫球员蒂姆是个好人，但在球场上就不一样了。因为一次推杆失误，他就会把球杆掰成两截。

"我受不了挫折。我希望一切完好，就现在！"突发型愤怒的人就是这样想的，他们无法应对挫折。如果他们不得不等很久，或者没有得到想要的东西，他们就会发怒。不过，他们也不是每次都这样。如果他们真这样干，早就在监狱里度日了。突发型愤怒的人不会在每次受挫时都失去控制。他们更像是在玩骰子，偶尔会失控。但当他们失控时，周围的人就要当心了！

如果你是这样的人，你就知道发脾气有多么难预料。当然，有些挫折经常会让你生气，比如，你的儿子又偷偷溜出家门，或者伴侣又拒绝你的要求。但大多数时候，你应对其他挫折都不在话下。比如，女儿忘记叠衣服或者拼车的朋友迟到，你不会每次都因此大动肝火。但你偶尔会这样做，那就是你爆发的时候，那时你感到受挫，因为你的需求没有得到满足。

为什么你这次感到受挫而上次没有？一个可能的原因是这些都要看运气，这一次它恰好就发生了。但这样理解对你没什么帮助，如果你爆发主要是因为运气不好，那你也很难做些什么来控制它。

不过，这些并非真正因为运气。请记住，突发型愤怒的人忽略了他们的愤怒正在累积的迹象。是的，他们很受挫，但不仅仅是因为钉子敲歪了或者伴侣回家晚了。他们还对早上狂吠的狗、午餐里的冷汤、想让人同时完成 3 件事的老板，以及回家路上的拥堵状况感到恼火。他们有太多的压力、太多的烦恼，然后他们就爆发了。难怪他们的愤怒看起来如此离谱，因为他们是在用一两分钟的时间来发泄整整一天的不满。

没有耐心

突发型愤怒的人通常没有耐心。他们不能很好地处理挫折。他们很容易对自己和别人发脾气。以下是一个例子。

贝丝是个单亲妈妈，有3个孩子。她工作辛苦，工作时间长，报酬还很低。她整天都在满足顾客的各种要求。有时她真想冲他们大喊大叫，但她一直保持微笑。她只想在回家时看到家里干干净净的，但今晚她走进家门却撞见了客厅里的枕头大战，那真是一团糟。

"亚历山大，扶起那把椅子，"贝丝吼道，"瑞秋，把枕头拿到你房间去！"

"哦，妈妈，我们玩得很开心。"他们说，"别这么暴躁了。"然后，瑞秋朝她头上扔了个枕头。

"到此结束。我是说现在，就是现在！你们两个今晚都待在房间里。你们这些捣蛋鬼。你们知道我工作有多辛苦吗？我只想要一点平静和安宁。为什么你们从来不为我着想？你们就是自私的小坏蛋。"

贝丝怒吼了5分钟，然后她扑倒在床上哭了起来。再然后，一切结束了，只是亚历山大和瑞秋整晚都躲着她。

贝丝没有耐心，就像大多数突发型愤怒的人一样。她现在就想要一切如愿，她不允许磨蹭。当别人慢吞吞地满足她的要求时，她觉得自己受到了侮辱。

公平地说，贝丝对自己也很没耐心。她不喜欢需要花费很多时间去做的事情。这也是她辍学的原因之一。当她的针线活出错时，她会沮丧地放弃这件事。她经常感到烦躁、紧张和不安。她做事也不经思考，仅凭一时冲动。有一次，因为老板说了某些话，她就要辞职。第二天，她打电话给老板解释，虽然她的工作保住了，但是她被警告要注意自己的脾气。

没有耐心、沮丧、暴力冲动、忽视愤怒正在累积的迹象，这就是导致人们突然发怒的四大因素。

发泄愤怒会带来三大问题

蕾妮：我真搞不懂你，哈利。你无缘无故地大发脾气，为了一些小事就大动肝火，然后突然停止发火，就像什么都没发生过一样。你怎么能发那么大的火，然后又装作什么事都没有呢？

哈利：就像我的身体里有个炸弹爆炸了一样，它爆炸之后，我感觉轻松多了，我想说的都说了，一切都结束了，我也不再生气了。

发泄愤怒可以释放压力，这是一种关于愤怒的古老观念。人们假设发泄愤怒是健康的，把怒火憋在心里是会生病的。只要你需要，就发泄怒火吧。发泄愤怒严格来说是一种情绪活动。发泄者并没有用他们的愤怒来解决问题。他们不会先发怒，然后坐下来讨论问题。

他们只是想释放大脑和身体中积累的紧张的感觉。

这就是为什么突如其来的愤怒会消失得那么快。它消除了不好的感觉。发泄听起来不错，为什么不偶尔发泄一下呢？但这可能是个很大的错误。发泄愤怒会带来三大问题。

第一个问题是，发怒者往往会感觉更糟，而不是更好。没错，他们不再生气了，但他们感到内疚，觉得自己愚蠢、失控、孩子气、不负责任。发脾气不太像成年人的行为。这里有个例子，多丽丝在沮丧时会对她的孩子们发脾气。孩子们永远不知道她什么时候会发脾气，但这种情况反复出现。事后，她感觉很糟糕。她向孩子们道歉。她说她错了，她不是故意发脾气的。之后，当孩子们吵架时，多丽丝又爆发了。她告诉他们："仅仅道歉是不够的。"她从未注意到她是如何教他们发脾气的，但不知为何，当他们"无缘无故"地争吵时，她总是感到内疚。

发泄的第二个问题更严重。暴怒者大发雷霆只有一个目的：释放压力。他们并不重视愤怒——把它当作一个信使，它在提醒他们有些事情做错了，需要改进。愤怒就是他们解决问题的方法，但愤怒并不能解决问题。愤怒是一个很好的信号，但突然暴怒却是一个糟糕的解决方案。暴怒者制造的问题比他们解决的问题要多得多。

突发型愤怒还有第三个问题。你每次发泄愤怒，都是在训练自己变得更愤怒。《愤怒：被误解的情绪》（*Anger: The Misunderstood Emotion*）一书的作者卡罗尔·塔夫里斯（Carol Tavris）指出，发泄愤怒是在"排练"愤怒。你发怒的次数越多，你就越有可能发怒。发泄愤怒并不能减少你的愤怒。它能帮你释放几分钟的愤怒，但你每次发怒，都是在训练自己变得更容易发怒。你越是愤怒，你就越会变得愤怒。

突发型愤怒的人爆发愤怒是为了让自己感觉好一些，但他们通常最终会感觉更糟，因为他们制造了更多的问题，搞得自己一直在生气。为了感觉好一些而发怒，就像为了减肥而吃了一整盒低脂饼干，最终适得其反。

减缓你的愤怒

"你的摩托车状况很好，但可能需要换新的刹车。"

我们住在威斯康星州，大名鼎鼎的哈雷戴维森摩托车公司的故乡。突如其来的愤怒就像哈雷摩托车一样——响亮、快速、有力。当然，哈雷摩托车骑起来有些狂野，但这就是它本来的样子。穿上你的皮衣，骑着它上路吧。

但即便是哈雷摩托车，也需要刹车，否则失控的后果难以想象。

慢下来——如果你是突发型愤怒的人，你就需要这么做。没有一套好的刹车系统，你就没法减速。

即使你有突然发怒的问题，你也可以学会"踩刹车"。当然，偶尔把脚从油门上移开也是明智之举。

事实上，有很多方法可以减缓你的愤怒。在这里，我们将介绍4种方法：学会注意到愤怒正在累积的警告信号，暂停，放松，以及学会冷静地交谈。

警示信号

过去，人们认为火山只是时不时地爆发。随着科学家对这些火山研究得越多，他们发现的警示信号也就越多：微小的地震、一点点烟雾、温度的变化。现在，他们可以预测火山爆发的时间了。

突发型愤怒的人就像火山一样。在没有进行研究时，他们的爆发似乎不可预测，但只要你仔细观察，就会发现很多危险的信号，总有蛛丝马迹表明他们何时会爆发。

如果你是这种愤怒类型的人，回想你上次爆发时的情景。在你爆发之前，你最后的想法是什么？也许是"我受不了了"，或者是"他们不能这样对我"，又或者是"我恨你"。甚至你在想："天啊，我现在可真有耐心！"你的感受是什么？你的胃在翻腾，你的头疼得要裂开，你的胸膛在剧烈起伏？还是你在紧张地屏住呼吸？你有哪些行为呢？这些行为可能包括踱步、握拳、跺脚、提高嗓门（或者你可能突然降低音量，就像暴风雨前的平静）。这些想法、感受和行为是你在大发雷霆之前通常会有的吗？如果不是，你还有什么其他的信号？

你也许想问问那些惹你生气的人，他们看到了什么信号。他们可能会告诉你，但请记住，你才最了解你自己。只有你自己知道，在爆发之前，你在想什么、感受到了什么、做了什么。

练习：现在是一个列出你生气前发生的事情的好时机。你要自己来列，也可以请其他了解你的人帮忙，让朋友通过提问来帮助你思考。

首先，列出紧张累积时身体发出的信号。人们经常感到紧张的地方是头部、颈部、肩膀、腹部、背部、手、脚、下巴、眼睛和胸部。你的身体信号是什么？

其次，列出发怒前的心理迹象。一些常见的迹象是对别人产生负面看法，感觉自己是受害者，感觉自己像个圣人，觉得什么都不重要，认为是别人惹你生气，认为无法控制自己。你在发怒前会想些什么？

最后，列出表明你正在积攒怒气的行为。有些人会跺脚、咬牙、咬嘴唇、坐立不安、更努力地干活、握拳、步伐更沉重、踱步或叹气。你发怒的信号是什么？

你的首要任务就是注意到这些发怒前的警告信号。如果你无视它们，愤怒将在30秒内爆发；如果你注意到它们，你就有了选择，你现在就可以避免发怒。

"哦，哦，我又开始了。我在握拳，我的心怦怦直跳，我认为没人理解我，我要发怒了。我最好赶快做点什么。"

在你学会识别这些信号后，你就可以学习注意更早的信号了，这样你就能更好地保持冷静。但现在我们还是让事情简单一点，你所需要做的只是注意你最后的想法、感受和行为。

暂停

你太生气了，以至于无法思考。现在不是讨论的时候，你得离开这里，你需要暂停一下。

暂停并不复杂，但有几条准则可以让它的效果更好。

提前告诉大家你在尝试新方法，那么当你叫暂停时，他们就不会感到惊讶了。他们不会认为你是在逃避或对他们置之不理，而且这样他们就不会追着你继续争论了。

遵循以下 4 个步骤，可以获得有效的暂停效果。

- 识别。了解你的愤怒正在累积及你逐渐失去控制的迹象。
- 后退。在你说出让自己后悔的话之前离开。
- 放松。做一些能帮助你放松的事情，比如安静地散步、读书、冥想。当你感到愤怒从你身体里消失，取而代之的是冷静、宁静、平和时，你便知道它起作用了。
- 返回。这意味着你在冷静下来之后，愿意从解决问题的角度再去讨论问题。你会问："我们怎么才能解决这个问题？"而不是追问："这是谁的错？"这是以积极的方式结束冲突的关键。

因此，首先要寻找你即将发怒的迹象。在你爆发之前，你会想什么？有什么感觉？会说什么？会做什么？当你有这些想法和感受时，你知道自己有麻烦了，所以要好好地利用它们，让它们成为提醒你暂停的信号。

告诉你的伙伴你需要暂停一下，这会对你有帮助。"海伦，我得离开一会儿。我感觉我要发怒了。我冷静一下就回来。"同时也要信守承诺，暂停不等于撂下不管。

现在去某个地方放松一下——你的房间、你的车里或朋友家。你可以听音乐、看书、看电视。有时运动也有帮助，比如骑自行车或举重，但应避免做像劈柴这类具有潜在危险的事。也不要去当地的酒吧或是和那些喜欢煽风点火的人交谈。你的目的是放松，让怒气消散，你得回到可以控制自己的状态中。

然后你可以回去了，是时候讨论一下刚才让你激动的事情了，但这次要保持冷静。

暂停可能需要 5 分钟，也可能需要 5 个小时。不要硬性规定暂停的时间。回去太早没有用，你只会再次生气。但回到"案发现场"很重要，因为你得学会更冷静地讨论问题。

放松

突发型愤怒的人有个隐秘的敌人——压力。身体和精神上的紧张缓慢累积，如果得不到缓解，就会引起许多突然的情绪爆发，尤其是那些似乎毫无缘由的爆发。

放松可以减轻压力。通过训练自己放松，你可以阻止大多数的愤怒爆发。

但是，不要等到最后一秒。你不可能仅凭意志力让自己放松下来，尤其是当你已经抓狂的时候，到那时就太晚了。"我要放松，现在就要，我不能尖叫。现在，深呼吸，深呼吸，深呼吸。哦，这有什么用？我太焦虑了，我放松不下来，这样没有用。"

突发型愤怒的人可以从减压训练中获益良多。你可以通过阅读书籍、治疗和生物反馈练习来减压。这里有几个小贴士可以帮助你开始放松。

- 从脸部开始。这是你最经常控制的部位，所以当你需要时，它最容易得到控制。首先让眼睛变得柔和，然后放松下巴和下颌，接着是嘴巴周围，最后是太阳穴和脸部其他地方。

- 慢慢地深呼吸。感受新鲜空气进入你的肺部。呼气时，释放紧张、沮丧、愤怒和焦虑。重复至少 10 次。

- 让自己用正常的声音说话。这通常意味着更冷静、更平缓地说话。记住，你说话的语气会告诉自己和别人你的感受。

- 让身体平静下来。如果你在踱步，请坐下来，松开拳头，别再踩脚，放松那些紧绷的肌肉，它们会让你的背部或腹部疼痛，然后深呼吸。

- 告诉自己要放松。在关键时刻，你需要对自己说一些话，比如："来吧，放松些。这不是世界末日。"或者说："我现在可以选择。我不一定要发火，放轻松。"然后深呼吸。

冷静地交谈

冷静地交谈对暴怒者来说，就像让狗去爬树一样困难。它不是自然而然的行为。相反，站起来大喊大叫对他们来说才是自然的；扯着嗓子尖叫、滔滔不绝地咒骂、号啕大哭也很自然。不幸的是，这些行为会带来麻烦。没有什么比拥有无人欣赏的天赋更糟糕的了。

请深呼吸。冷静既是一种态度，也是一系列行为，这两者你都可以学会。

冷静的态度是："无论发生什么，我都要保持冷静。这并不意味着我靠努力才能保持冷静，而是无论如何，我都处变不惊。我受够了一生气就变得像个两岁小孩一样，我准备好长大了，并一直当个成年人，不再找借口。"深呼吸。

你需要对自己做出坚定的承诺。要想成功，你必须下定决心不再大发雷霆。匿名戒酒会有一句很有用的口号："半途而废无济于事。"三心二意的努力不会奏效，因为发泄情绪的诱惑会非常强烈。深呼吸。

冷静不仅仅是一种态度，也是一系列简单明了的行为。

- 坐下来。
- 小声说话。
- 不要咒骂。
- 慢慢地说话。
- 听听别人怎么说。
- 充分而均匀地呼吸。
- 不要夸大。
- 解决问题。

你需要练习这些行为。它们可能不会自然而然地发生，但如果你努力去做，它们就会出现。你会发现，就像掌握任何一项新技能一样，通过练习，它们会变得越来越容易。

第五章　羞耻型愤怒

表达方式：羞耻感太强的人，用愤怒来保护自己，让别人对自己敬而远之。

几年前，我们写了一本书，名叫《羞耻感》(*Letting Go of Shame*)。我们从一个小女孩的故事讲起，她在花园里找到了一个特别的地方，在那里快乐地挖着松软的泥土。她对自己正在做的事感觉非常棒。她对妈妈说："看看我，看我在做什么。"

"看看你自己！"她妈妈吼道，"你搞得一团糟，你的衣服脏死了，你全身都脏兮兮的。你应该为自己感到羞耻。"小女孩感觉很糟糕，很卑微，很脆弱，她低下了头。

她哭了。她觉得自己又丑又脏。她觉得自己身上一定有什么地方糟糕至极，糟糕到她永远不会变干净了。她觉得自己受到了伤害，她的心碎了。

和我们交谈的人一再提起这个小女孩。一些成年人告诉我们，他们和她一样。他们也觉得自己很糟糕。他们感到糟糕、脆弱、受伤和卑微。他们感到羞耻。

羞耻是一种痛苦的感觉，这种感觉让人觉得自己作为一个人是有缺陷的。羞耻感有很多表现。感到羞耻的人常常因为尴尬而脸红。他们低着头，好像有人按着他们的脖子。他们不与人产生目光接触，他们也很难开口说话。他们的胃里会翻江倒海。有些人会恶心想吐，因为他们真的会因为羞耻而不舒服。

当人们感到羞耻时，会对自己产生糟糕的看法。这些看法包括："我一文不值""我一无是处""没人爱我""我很懦弱""我很差劲""我什么都做不好"，等等。

同时，人们很难采取积极的行动。大多数人在感到羞耻时，只想逃避和躲藏。如果他们实在无法离开，就会停止说话或做事。羞耻感常常使人行动瘫痪，使人裹足不前。

羞耻感还会带来精神危机。深感羞耻的人怀疑自己不属于任何地方。他们似乎不太合群。他们有时会怀疑自己的存在是个错误。他们可能会怀疑自己的生命是否有任何价值或意义。他们开始相信自己是次等人，无法如意地活着。他们感到空虚，精神萎靡。

羞耻是一种强大而复杂的情绪。有时羞耻是有价值的，它可以通向健康的自尊。例如，有人因为没有复习而考试不及格，他可能会为此感到羞耻。如果他为了下次考试能及格而努力学习，那么这种羞耻感就是有帮助的。如果羞耻是一枚硬币，它的反面就是骄傲、荣誉、尊严和自尊。

羞耻就像愤怒，有一点点是好的，但太多就不好了。有些人的羞耻感太强了。我们称他们为羞耻型的人，因为他们的生活以羞耻为中心。 他们也被羞耻感束缚，被捆绑在由糟糕、异类和不够好的感觉组成的绳结中。

羞耻与愤怒

默尔是个好人，但有一点除外，他对自己的样貌太敏感了。 例如，昨天他的妻子塔米拿他的体重开玩笑。 一顿大餐后，她拍拍他的肚子，轻声笑了一下。 默尔并不觉得好笑，他感觉受到了侮辱。"你为什么这么做，塔米？ 你是说我胖吗？ 你自己也不瘦，你心里有数，而且你穿的这条裙子真恶心。"他越想越生气，整晚纠缠着她，要她为自己开过的玩笑付出代价。 他因为感到羞耻，一晚上都在攻击她。

羞耻并不是一种让人享受的情绪。 直面羞耻需要很大的勇气，有时需要经过多年的治疗或康复。 因此，许多人会想方设法回避羞耻。

逃避（或退缩）是对羞耻最常见的防御方式。 其他的防御方式还包括：否认（"羞耻？ 为什么要羞耻？ 我没有任何不好的感觉"）、傲慢（假装自己比别人优秀，其实觉得自己很差劲）、成瘾、完美主义（"如果我能做到完美，就没有什么可羞耻的了"）。

另一种常见的对羞耻的防御方式是愤怒，不过这是一种特殊的愤怒，它的专业名称是自恋型愤怒。 这是一种非常强烈的愤怒，当一个人感觉受到人身攻击时就会爆发，就像上文中的默尔那样。

珍妮特是另一个例子。 她不能忍受工作中的批评。 上周，她的同事戴安娜提出了一种跟踪销售额的新方法。那是珍妮特负责的领域。但她把戴安娜的话当作一种人身攻击。你可以想象珍妮特有多生气。珍妮特对戴安娜说，她是个十足的蠢货，最好少管闲事，然后哭着跑开了。这让老板特别约谈了珍妮特，并对她进行了通报批评。

默尔和珍妮特都充满了羞耻感，他们的自我评价都很低。

他们都不太喜欢自己，这一点显而易见。

他们为什么会愤怒？因为有羞耻感的人防御性极强。就好像他们的自我价值是一座玻璃房子，而每个人都在向这座房子扔石头。他们只有向别人扔更大的石头才能保护自己的房子。因此，他们最终会主动攻击，试图先摧毁对方的自我价值。"让你看看我的厉害，"他们想，"我会让你觉得自己一文不值，因为你就是这么看我的。"

有羞耻感的人认为自己是个很糟糕的人。因为他们鄙视自己，所以确信别人也不喜欢他们。但没有人会大肆宣扬羞耻感，没有人会穿这样一件 T 恤，上面写着"看看我，我属于废物协会"。

愤怒能让别人远离自己，让自己远离那种糟糕的感受。愤怒者在大声警告："不要再靠近了。你离我的羞耻感太近了，我不会让你看到我的这部分。离我远点，不然我就攻击你。"

愤怒是有效的，它能让别人对你敬而远之。你完全可以相信，默尔的妻子和珍妮特的同事们以后会三思而后行。愤怒让人们保持安全距离。它能保护深感羞耻的人，不让任何人接近他们，看到他们的羞耻。但有时它的效果"太好"了，它会让愤怒者变得孤立无援。没有人敢靠近他们，因为靠近的人经常受到惩罚。人们会说：

"当然，我喜欢默尔，但他总是为小事生气。"或者说："我只希望珍妮特别这么敏感。"当然，这只会让有羞耻感的人感觉更糟。当别人回避你时，你很难自我感觉良好。所以，一个人的羞耻感会激发他的愤怒，而他的愤怒又会把别人赶走，然后他会感到更加羞耻，同时他们也会感到更加孤独。

练习：一句话或一件事可以是消极的、积极的或中性的。当你感到羞耻时，你会把中性的言语和事件看成消极的。有时候，你甚至把积极的评论当作批评。在接下来的一个月里，每当你觉得别人的言语或行为是在指责你时，就停下来，深呼吸，然后问问他们，他们说的话或做的事是在指责你，还是不带恶意（或中性）的，又或者都是积极的？

因为你苛责自己，你认为别人也会这么做。有些人可能会，但很多人可能不会。你的判断并不准确。观察一下，再观察一下，了解评论和批评之间的区别，了解别人关注你和无视你之间的区别，尽量不要基于羞耻做出反应。

有羞耻感的人常用的 5 种自我批评

有羞耻感的人经常会对自己说 5 句消极的话。这 5 种自我批评导致了我们所描述的愤怒。这 5 句话如下。

- 我一无是处。
- 我不够好。

- 我不属于这里。
- 我不可爱。
- 我不应该存在。

我一无是处

"我这个人烂透了，毫无用处，一文不值。"这就是这句话的含义。当你相信自己一无是处时，你会感到彻底的绝望。当你认为自己烂透了时，你还怎么能改变呢？你确信，如果别人深入了解你，一定会拒绝你。别人会说："啊，谁会需要她？她太糟糕了。她的内心丑陋不堪。她一无是处。"

有这种想法的愤怒者充满了自我憎恨。他们不希望有别人在自己身边，所以他们玩起了保持距离的游戏。"离我远点，我很糟糕。如果你想靠近我，我也会让你感觉很糟糕。"有时他们很抑郁，可能需要接受治疗。通常，他们从小就被告知自己很糟糕。例如，道格被他父母吵架的样子吓坏了。很快，每当他们开始吵架时，他就会做一些调皮捣蛋的事情，这样至少可以使他们暂时停止争吵。他的父母告诉他，他很糟糕，因为他做不到"守规矩"。但实际上，他的"糟糕"来自他试图阻止父母争吵。他认为自己一无是处，但事实并非如此。

我不够好

威尔总是对自己不满意，无论做什么他都觉得不够好：他的烤鸡应该更美味，这个月他应该再卖出去几辆车。桑德拉总爱跟人比较：她在绘图方面不如霍华德，她带孩子也比她姐姐差，而且她的身材也不够吸引人。桑德拉坚信她就像奥运会上的第四名——表现不错，但与奖牌无缘。

许多人认为自己不够好，有时他们会告诉别人，有时这是他们隐藏的秘密。事实上，他们可能很擅长做自己的工作，但这没什么用，他们觉得自己是失败者。他们比常人更加努力。他们对自己说："如果能把每一件事都做得完美，这种可怕的不足感也许就会消失。"他们常常成为完美主义者，试图把每件事都做得完全正确。只要他们能做到，他们就不会感到羞耻了，或者说他们是这么想的。然而，不幸的是，人类无法做到完美，每个人都会经历失败，尤其是那些完美主义者。为什么他们会遭遇更多的失败？因为他们总能找到一些理由证明自己做得并不完美，即使别人认为他们做得很好。

当你充满羞耻感时，失败是非常令人痛苦的。如果这时有人指出你的缺点，这种痛苦就会加倍。"你竟敢批评我！"你会说，"你没有权利批评我，再说你自己也不怎么样，你没有雪莉聪明。"

我不属于这里

画一个圆圈，在圆圈中央画一个点，这个圆圈代表了人们所有的归属地。画你原生家庭的圆圈，画你现在家庭的圆圈，画你工作的圆圈、朋友的圆圈、学校的圆圈。现在，在你所在的位置上画个"×"。

那些没有归属感的人会把自己放在圆圈的边缘，有时一只脚在圈内，一只脚在圈外。或者，他们把代表自己的"×"完全放在圈外。"我从来没觉得自己属于任何地方。"他们告诉我们。他们总觉得自己是局外人，就好像他们永远不能加入俱乐部，永远上不了公共汽车一样。他们认为自己是异类，而且很糟糕。

"我是异类，我不属于这里"，这种感觉很可怕，这简直太伤人了。如果有人碰巧说了或做了什么，触发了这种让他们觉得自己是异类的感觉时，会发生什么呢？"我喜欢严肃电影而不是喜剧电影，你觉得这很好笑吗？去死吧！我想看什么就看什么。"这简直是灾难。

我不可爱

当你问那些觉得自己不可爱的人，这种感觉是从几岁开始有的时，他们通常会回答"3岁""5岁"或"很小的时候"。他们第一次感觉不被爱是在孩提时代，这种感觉就像被恶犬咬了一口，让人终生难忘。

有些家庭比其他家庭更推崇羞耻感。在这些家庭中，孩子们很少听到"我爱你"这句话。结果是，孩子们长大后认为自己很平庸，对别人不重要，也不值得被爱。他们觉得自己不受欢迎。他们相信自己永远不会被另一个人深爱。

此外，父母可能会突然收回他们的爱，或者威胁要这么做。"威尔玛，如果你不按我说的做，我就不再爱你了。"他们也可能转身离开或沉默以待，以此拒绝他们的孩子。这些行为和威胁让孩子们感到恐惧，因为他们依赖于父母的物质支持和情感支持。如果没有爱，他们害怕自己会被抛弃。

成年后，深感羞耻的人仍然害怕被抛弃。对于那些认为自己不可爱的人来说，更是如此。无论别人爱他们有多久，爱得有多深，他们就是不相信这种爱会长久。他们总是在心理上做好准备，等着伴侣和朋友拒绝自己。

恐惧的日子并不好过。这就是羞耻型愤怒的来源。为什么不先攻击别人呢？为什么不在别人抛弃你之前就抛弃他们呢？告诉他们，你不再爱他们了。连续几天拒绝和他们说话，冷落他们，让他们因为爱你而受伤，就像你因为爱父母而受伤一样。你永远要确定他们需要你多于你需要他们。

觉得自己不可爱，他们就不去爱别人。害怕被抛弃，他们就先抛弃别人。

我不应该存在

朱丽叶是一名刚走出校门的年轻女性，她有一份好工作和一段稳定的恋情，但她充满了悲观的情绪。"这些有什么用呢？"她问道，"我为什么活着？我真希望自己从未出生过。"

"我不应该存在。"这是羞耻感信念中最糟糕的一种。有这种想法的人会感到抑郁。他们感觉生活毫无希望，万念俱灰，一片空虚。他们在自己的生活中找不到任何意义。

深感羞耻的人常常感受到这种绝望。他们的生活似乎没有任何价值。他们对自己失去了兴趣。他们没有好奇心，也从不感到惊奇。

有时，认为自己不应该存在的人会变得非常愤怒。他们的愤怒会指向两个方向。

一个方向是自己。毕竟，既然他们的生命毫无价值，他们为什么还要照顾自己呢？深感羞耻的人很擅长自我忽视、自我虐待和自我谴责。

另一个方向是别人。这种愤怒通常表现为忽视或蔑视。羞耻者干脆拒绝承认别人的存在。他们传递的信息是："你不值得被关注。"上周史蒂夫告诉帕姆，他爱她，他说想和她永远在一起。但今天，他趁帕姆上班的时候搬走了，一张字条也没留下。帕姆已经不重要了，她对史蒂夫来说什么也不是。

羞耻和指责的游戏

羞耻和指责是天然的伙伴。人们越觉得羞耻，就越有可能为任何错误承担责任。当人们反过来羞辱别人时，他们使用的武器就是指责。

佩妮和贝基是一对恋人。至少他们是这样认为的。不过，他们的朋友给他们起了个绰号叫"地狱猫"，因为他们只会吵架。他们总是争吵不休。他们互相挑剔，吹毛求疵。然后，他们会开始真正的攻击。他们用尖刻的言语互相伤害。最糟糕的是，他们试图在公共场合羞辱对方。他们是一对刻薄的伴侣。

这是一种双向的羞耻和指责关系。他们的目标是打败对方，武器是羞耻和指责。当其中一方让另一方觉得自己是世上最可怜的人时，胜利就到来了。

双向的羞耻和指责关系可以持续数年。因为双方势均力敌，他们都知道怎样狠狠地伤害对方，他们还经常这样做。这种关系看起来就像古代赤手空拳的斗殴。"好了，女士们、先生们，该进行第144回合了，出来战斗吧！"他们只是在胜利时感到强大，失败时感到痛苦。他们都不知道如何改变现状，只知道如何战斗。这场游戏的名字是"羞耻和指责"。

　　杰夫和梅琳达之间存在一种单向的羞耻和指责关系。杰夫是唯一的羞辱者、指责者。不管梅琳达做什么，他都会批评她。她对他来说永远不够好。这种情况持续得越久，她就越感到软弱。慢慢地，在一次又一次的批评中，他获取了权力。

　　羞辱和指责别人是一种故意获取权力的方式。人们通过羞辱别人来获得控制权。例如，杰夫告诉梅琳达她没有吸引力，她太丑了，没有男人会想要她。听到他这么说，梅琳达就真的觉得自己很丑。她开始不怎么打理自己，他就说她更难看了。她感觉越糟糕，她看起来也就越糟糕。现在她很感激他收留她，因为她长得这么普通。她越来越觉得羞耻。她现在对他唯命是从，因为她害怕他会抛弃她，没有别的男人想要她。

　　随着时间的推移，单向的羞辱会扩大权力的差距。两个一开始几乎平等的人，如果其中一方控制了羞辱的过程，那么这种平等就会不复存在，羞辱者、指责者会逐渐变成强权者。

羞耻、愤怒和空虚

黛比在一个似乎特别冷漠的家庭中长大。小时候,黛比甚至担心父母是否记得她的生日,有时他们记得,但并不总是如此。她很少觉得自己是特别的,或是被需要的。

黛比现在成年了,她觉得内心很空虚。那是一种可怕的空虚,一个孤独的无底洞。她试图填满内心的空虚,但没有任何效果。每一天,她都感到内心深处隐隐作痛。

去年,黛比开始和道格拉斯约会,道格拉斯也是一个空虚而不快乐的人。每个人都希望对方能关心自己。两人都需要情感上的充实,但他们怎么能给对方自己没有的东西呢?起初,他们的需求使双方走到了一起,但现在,他们的需求太多,快把对方逼疯了。

"你要永远关注我。"这是黛比的要求。"你真的爱我吗?"道格拉斯一天要问 10 次这个问题。

两人都警惕、嫉妒、多疑。他们在一起从来没有过安全感。他们觉得对方迟早会离开自己,再多的保证也没有用。黛比一遍又一遍地告诉道格拉斯,她爱他,但他的怀疑从未停止。道格拉斯几乎每晚都早早回家,但黛比还是担心他哪天不会回来。

黛比和道格拉斯的要求是无法实现的。他们希望伴侣能填补自己的空虚,但没人能做到这一点。

黛比和道格拉斯经常吵架,他们都感到一种绝望的愤怒。他们要求对方完全忠诚。他们都想通过剥夺对方的自由来保证自己的爱情。他们害怕被抛弃。"我不能没有你",这是他们的主题。很快,他们就开始了无休止的争吵。"永远和我在一起，填补我的空虚。如果你不这样做，我就会恨你。"

黛比和道格拉斯确实彼此相爱，但他们的羞耻感一直在阻碍着他们。他们只觉得自己没有价值，不被人爱。他们非常担心被抛弃，因此无法放松。他们不能一次只接受一点爱。一个饥饿的人能满足于一点面包屑吗？他们要求完全的爱，完美的爱，但完美的爱是不存在的。

这两个人都需要解决他们的羞耻问题，否则他们将失去彼此，他们的爱将变成苦涩的失望，然后变成仇恨。

停止羞耻型愤怒，换个方式表达愤怒

羞耻型愤怒来得很快，但与突发型愤怒不同，它消失得很慢。这是因为发怒者在爆发后通常比之前感觉更糟糕、更羞耻。羞耻就像旧衣服上的棉絮一样粘在表面，世界上所有的愤怒似乎都无法将其清除。

你可以通过做 3 件事来减少羞耻或愤怒发作的次数。首先，你必须打破羞耻与愤怒之间的联系，这样你就不会把羞耻感发泄在别人身上了。其次，你必须开始治愈你的羞耻感。最后，你必须尊重他人，这与羞辱是恰恰相反的。

打破羞耻与愤怒之间的联系

羞耻已经够糟糕的了，当你把它变成愤怒时，情况会更糟——

现在你的问题变成了两个，而不是一个。

这种联系很简单。当你感到羞耻时，你就会发怒。你认为攻击别人总比被攻击好，你要先发制人，羞辱他们，把他们吓跑，这样也许他们就会放过你。

为什么要做出改变？因为这样你永远不会对自己有好感。你会赢得战斗，让别人暂时比你感觉更糟，但你对自己的感觉还是很差。羞辱和攻击别人可能会掩盖你的羞耻，但不会治愈羞耻。

为了改变，你需要了解一些个人情况。人们的哪些言行会让你感到羞耻？这发生在何时？这发生时你和谁在一起？这是在什么情况下发生的？多久发生一次？

你是如何把羞耻转化为愤怒的？是对批评你的人大喊大叫吗？是贬低别人吗？当别人对你期望过高时，你会恶语相向吗？你会愤世嫉俗或冷嘲热讽吗？你会吹毛求疵吗？

打破羞耻与愤怒之间的联系的最好方法是，每次生气时问自己一个问题："我现在对什么感到羞耻？"当然，也许你不是每次生气时都觉得羞耻，但问一下这个问题也无妨。这就是你将愤怒作为信号，用来处理羞耻的一种方式。

留心突然爆发的愤怒，它们往往是羞耻隐藏的信号。有人说了一些批评你的话，让你措手不及。在你有所意识之前，你已经对他们大吼大叫过了。你觉得很受伤，就像被人从背后捅了一刀。你感到被伤害、被抛弃、被背叛。你的愤怒告诉他们你非常生气，但这也可以告诉你，他们触发了你的羞耻感，所以你才这么生气。

有时，你感到羞耻是因为别人想羞辱你。他们的确在对你说一些难听的话，但请记住：没有人整天只想着羞辱你，他们有更重要的事情要做。很多时候，当你突然感到被攻击和被羞辱时，是你在对自己感到羞耻，但是责怪别人比承担责任更容易。如果羞耻感是你的，那么该改变的就是你，而不是他们。

现在，你已经找到了羞耻和愤怒之间的联系，但还有一件事要做：你必须努力打破这种联系。这意味着改变你的行为，你现在必须停止发怒。如果需要的话，你可以暂停一下。如果可以的话，告诉对方你的羞耻感发作了，你需要谈谈它。不要向你的愤怒屈服，它会分散你对真实感受的注意力，此时的主要问题是你的羞耻感。

治愈你的羞耻感

我们之前提到过，羞耻感可以是有利的。健康的羞耻感程度很轻，只持续很短的时间。它告诉你该怎么做才能使自己感觉更好。这意味着，我们的目标不是摆脱所有的羞耻感，而是把羞耻感减轻到可控的程度。

羞耻感就像明尼苏达州的冬天，不管你铲掉多少雪，你都知道雪还会再下。你要努力减少羞耻感，而且要坚持不懈，不要气馁。因为即使在明尼苏达州，春天也会到来。

羞耻感会逐渐消散。当你大部分时间都拥有以下 5 种信念时，你就知道事情在慢慢变好了。

- 我很好。
- 我足够好。

- 我很可爱。

- 我属于这里。

- 我就是我。

看看这 5 种信念，你最需要哪种？哪种能帮助你减少防御或愤怒？先选择一种。

你能用自己的话表达这种信念吗？例如："我足够好"可以说成"我把工作做得很好，我不需要找借口"，或者"我属于这里"，也可以说成"我融入了这里，这个世界上有我的一席之地"。花一分钟来接纳这种信念，在你的内心感受它。

你如何根据这种信念来改变你的生活？你必须以不同的方式说什么或做什么？你需要更加自信吗？你需要把头抬得更高吗？你需要为自己所做的事情感到骄傲？你需要停止跟人道歉？你需要做事善始善终？你需要与家人或朋友一起做更多的事情？你需要学会接受赞美？你需要对批评不那么敏感？还是你只需要做你自己？

羞耻感会逐渐转变成自尊和健康的自豪感，但前提是你必须改变自己的想法和行为。

还有一件事可以治愈羞耻感：跟那些不会让你感到羞耻的人做朋友。

羞耻感会使人孤立无援，将人推到世界的角落，所以如果你想治愈羞耻感，就必须走出角落。你无法独自治愈所有的羞耻感。你需要跟别人分享你的整个自我，甚至你感觉糟糕的那部分。但要确保你找的人能让你的自我感觉更好，而不是更糟。你要找那些不会挑你错的人，但他们也需要对你诚实，因为只有当你面对真相时，你的改变才是最大的。

看看四周，虽然你可能需要专业的帮助，但不要忘记家人和朋友。这个世界上有很多好人，但你需要找到他们。

尊重他人

我们之前提到过充满羞耻和指责的关系。在这种关系里，一方或双方不断地攻击对方，试图让对方感觉自己非常糟糕、愚蠢、无用和软弱。

羞辱和指责必须停止，良好的关系中容不下这些东西。羞辱和指责只会让每个人感觉更糟。被羞辱的人肯定感觉很糟糕，但羞辱者也不会穿着干净的靴子走出泥潭。他们只是在向人们展示他们对自己的感觉有多糟糕。他们可以挂一块牌子，上面写着："看看我，我恨我自己，我只是想让你和我一样难受。"

下面有个尊重他人的方法清单。罗恩在他的著作《一直很愤怒》（*Angry All the Time*）中列出了这份清单，它值得在这里再次出现。

我们的目标是让羞辱和指责从你的人际关系中消失。你可以从"不该做"的清单中选择一两个项目开始。例如，如果你总是在寻找可以批评的事情，那么告诉自己停下来，相反，你可以开始注意那些值得赞美的事情。当然，这并不容易。这就像你一辈子都盯着地面，现在却要学习仰望天空，但这是值得的。

尊重他人

该做和不该做的事

该做的 ——

◇ 每天起床第一件事，承诺尊重他人。

◇ 坐下来，安静地交谈。

◇ 认真倾听别人所说的话。

◇ 寻找别人身上值得欣赏的地方。

◇ 大声赞美你在别人身上看到的优点。

◇ 告诉别人，他们很好、足够好、很可爱。

◇ 告诉别人，他们对你来说很可贵、很重要。

◇ 即使你不同意别人的观点，也要小声说话。

◇ 放弃侮辱、攻击或批评别人的机会。

◇ 让别人为他们的生活负责，而你为自己的生活负责。

不该做的 ——

◇ 寻找可以批评的事情。

◇ 取笑或嘲笑别人。

◇ 做鬼脸或翻白眼。

◇ 对别人的生活指手画脚。

◇ 侮辱别人。

◇ 无视别人。

◇ 在很多人面前贬低别人。

◇ 表现得高人一等。

◇ 对别人冷嘲热讽。

◇ 说别人是怪人或疯子。

◇ 说别人不好、不够好或不可爱。

◇ 说别人不属于这里，或者希望他们去死。

◇ 骂别人胖、丑、笨或没出息。

也许你会通过无视别人来羞辱他们。你表现得好像他们根本不存在一样。因此，你首先要保证不再无视他们，然后真正花时间去倾听、关注、关心他们。你很容易又回到独自看报纸或看电视的状态，但请你坚持下去。你可能会发现，当你对别人感兴趣时，别人也会更关注你。

练习：下面有一组问题，你可能想要记下来，用它们来理解你的羞耻型愤怒。它们可以帮助你改变向别人发怒的方式。

当你发现自己感到愤怒时，问问自己这 6 个问题。如果可以的话，花点时间把答案写下来。羞耻总是偷偷地出现，让你很容易忘记真正发生了什么。如果你把答案写下来，你下次就可以参考了。

1. 这种愤怒是我对某些事情感到羞耻的信号吗？

2. 如果我现在没有发怒，我会有什么感觉？以下任何一种情况都是危险信号，表明这种愤怒可能是基于羞耻的：空虚、无聊、尴尬、暴露、不足、脆弱、不喜欢自己的某些特质。

3. 我可以和谁聊聊这些？当他们知道我的自我感觉不好时，谁最不可能拒绝我或攻击我？我可以请他们帮助我正视自己，并帮助我摆脱现在的愤怒吗？

4. 我怎样才能以尊重的态度对待他人，而不是因为自我感觉糟糕而向他们发泄愤怒？

5. 我怎样才能更好地照顾自己？是什么让我感受到了不足、尴尬或威胁？当我开始注意到这些感觉时，除了对别人发火，我还能做些什么？

6. 我现在需要做些什么来尊重自己？我怎样才能肯定并奖励做对事情的自己？

第六章　故意型愤怒

表达方式：假装很生气，故意夸大自己的情绪，以满足自己的需求。

阿曼达常常让人害怕，只要得不到她想要的东西，她就会大声咆哮，立刻发飙。她的家人都害怕她，她的同事们都躲着她。阿曼达似乎是个典型的"暴怒狂"。

但阿曼达的愤怒是假装的。她在咨询中告诉我们，她几乎没有真正生过气。"得了吧，帕特，"她说，"你知道我没那么生气。如果我真的那么生气，我早就在医院里了，我会气炸的。当然，我是有点生气，但这多半是在演戏。"

多么逼真的戏！阿曼达故意夸大她的愤怒。她想让人们觉得，她随时都可能因为愤怒而发疯。

假装愤怒的 4 大回报

有些人几乎总是假装愤怒。这里有一个例子。罗恩在当地一所大学教心理学。有一天，他发现没有一个学生预习，他很生气，他感觉自己的体温在升高。不过，他不想当众发火，所以他大步走出教室，告诉学生回去预习一下，明天再上课。

罗恩离开时听到身后有脚步声，对方一直跟着罗恩到他的办公室。他是一个 20 岁的学生，名叫维克多。罗恩问他想干什么。

"演得不错，罗恩，"维克多说，"你看起来真的很生气。"

"嗯，那是自然，维克多，因为我确实很生气。"

"你生气了？真的吗？哎呀，我从来没有真的生过气，我都是装的。"

这是怎么回事？为什么人们会夸大或假装愤怒？答案很简单，有些人明白愤怒很有效。当他们想要什么东西时，他们就可以通过假装生气来得到。毕竟，愤怒很可怕，谁想招惹一个发怒的人？"就满足他的要求吧。"人们说。

如果你经常发怒，就问问自己这个问题："当我发怒时，我得到了什么？有什么回报？"只有知道愤怒会带来什么隐秘的好处，你才能停止发怒。

下面我们将描述愤怒带来的 4 种主要回报，它们是故意型愤怒的主要成因。

- 权力 —— 让别人按你的意思行事。

- 形象——炫耀或让自己看起来很厉害。

- 保持距离——不让别人靠近自己。

- 控制情绪——回避真实的感受。

权力

一有不顺心，乔就会发疯。如果丈夫不按时回家，伊迪丝就会大发雷霆。比尔在办公室暴跳如雷，把他的助手吓坏了。如果父母不让玛丽出门，她会抱怨好几个小时。他们每个人都发誓说他们也没办法。"我就是这样的人。"他们说。

然而，这些人都有一个秘密：他们其实可以控制自己的脾气，但他们不想这样做。他们太喜欢发怒的结果了。他们会这样想："我喜欢用愤怒来吓唬别人。再说了，我就是这样如愿以偿的。我生气的时候没人敢惹我。"他们还会这样想："我要让她知道谁才是老大。""他最好按我说的做。""要不听我的，要不就滚蛋。"

大多数人都不喜欢经常生气，强烈的情绪令人心烦意乱。此外，他们可能会做出让自己后悔的事，他们害怕失去控制。

但如果只是看起来失控了呢？事实上，你很清楚自己在做什么：你到处乱扔东西（只扔别人的，不扔自己的），你威胁要揍人，你说自己气得快口吐白沫了。不过，你一直都很清醒，你很警觉，你很清楚自己想要什么。这场戏你演得很过瘾。一旦你得到了自己想要的东西，或者把别人吓得够呛，你就觉得在一段时间内都能如愿以偿，你的愤怒就消失了。

著名心理学家尼尔·雅各布森（Neil Jacobson）和他的同事对男

性施暴者进行了研究。他们发现：一些情形最严重的施暴者在与妻子打架时并没有情绪失控；相反，当他们生气时，他们的心率在下降，他们变得更平静，而不是更激动。雅各布森得出结论：这些男性是故意施暴的，他们通过暴力让妻子恐惧，从而控制她们。他们的愤怒与冷静的控制是结伴而行的。

这些人不只是对自己的伴侣发怒和施暴，他们也会对其他家庭成员、朋友、同事施暴，几乎任何人都可能成为他们的目标，他们试图通过恐吓别人来达到目的。

此事关乎权力。这就是我们要讨论的：这类人通过压倒别人来得到他们想要的。他们发出的基本信息是："我要我想要的，我现在就要。"他们的手段是恐吓："他们不敢违抗我，我可以让他们按我的意思去做，因为我可以大喊大叫、板着脸、争吵，甚至还会打人。"

这就是故意型愤怒，它与情绪无关，而与权力有关。这很危险，因为有时它会伴随着权力冲动。故意型愤怒的人有时会发现自己很享受伤害别人的感觉。此时，"假装愤怒"变成了一种权力冲动，他们伤害别人只是为了伤害，为了让自己感觉更强大，更有控制力。当这种情况发生时，他们会告诉我们："我的阴暗面出现了，我再也无法控制自己了。"而他们失去的正是他们一开始想要获得的东西——控制感。

在家庭中，故意型愤怒往往会沿着控制链向下蔓延：最强壮或最有权势的人会对第二有权势的人发号施令，后者又会对第三有权势的人发号施令，依次类推。最弱小的孩子会去踢狗或通过与其他孩子打架来获得权力。每个人都在教下一个人如何通过发怒来得到自己想要的东西。

没有人会心甘情愿放弃权力。对那些利用故意型愤怒来获得权力的人来说，更是如此。他们很少主动停止"故意发怒"。试图让他们对自己的愤怒说"不"是没有用的，除非他们的愤怒给自己带来很多麻烦，否则他们通常不会改变。他们需要的是愤怒的结果，而不是治疗。

有些故意型愤怒的人也会用其他情绪来操控别人。他们可能很擅长获得别人的同情，从而避免为自己的行为承担后果。他们会摆出一副楚楚可怜的样子，就像他们假装生气时一样迅速、一样虚伪。不过，在他们发怒之后还同情他们，是一个很大的错误。他们需要为自己的行为承担后果。他们需要知道：假装愤怒和不择手段地获得权力是不对的，也是行不通的。

故意型愤怒的人需要诚实地审视自己的生活。我们将在本章后面讨论如何做到这一点。如果你擅长通过故意发怒来获得权力，那么请阅读从"与老朋友道别"开始的内容。通过阅读，你会了解到另一种力量，你会发现一种新的尊重自己的方式，别人也会更加尊重你。权力有着你从未思考过的限制。

形象

他很粗暴，他很强硬，他从不虚张声势，他很有男子气概 —— 形象就是个体通过外表和行为给别人留下的深刻印象。每个人都扮演着自己的角色：丈夫、母亲、教师、舞者。角色告诉我们和其他人我们是做什么的，角色大概描述了我们是什么样的人。

其中一个角色是"硬汉",男性和女性都可以是"硬汉"。和所有角色一样,"硬汉"也有它的规则。

硬汉规则1:你唯一能表现出来的情绪就是愤怒,仅此而已,严禁表现任何其他情绪,尤其是恐惧。

硬汉规则2:要么制造麻烦,要么消灭麻烦,永远不要逃避战斗。事实上,战斗是不可避免的。战斗动静越大,就越表明你不怕任何人。

硬汉规则3:用你的愤怒让别人远离你,不要和别人太亲近,不要建立情感联系。谈恋爱就像是背对着门坐在餐馆里,你会被伏击的。你要不惜一切代价避免这种情况,不要相信任何人。

硬汉规则4:如果你不是真的生气,那就假装生气。记住,这关乎形象。"硬汉"必须时刻保持强硬的形象。

这个世界上有很多"硬汉"。他们大多在愤怒的家庭、危险的社区中长大。他们是真的很强硬,所以扮演这个角色很容易,他们很擅长做"硬汉"。

如果你是个"硬汉",你就会重视自己的形象;你希望别人看到你强硬有力的样子;你会找理由发火,因为每次吵架都给了你展示自己强硬形象的机会;你会故意发怒。

你很容易被认为是一个"急性子"或"刺儿头",困难的是如何摆脱这个角色。

这里有个例子。20岁的阿尔以神经敏感而出名,他总是因为别人不在意的小事而与别人大打出手。如果有人无视他,或者说错了什么话,他就会声称自己受到了奇耻大辱,然后他就会跟他们打架。

因为阿尔的拳头很快，所以大部分时候他都打赢了。

很长一段时间以来，阿尔都喜欢被别人称为斗士。事实上，他并没有那么易怒，但他认为别人害怕他、尊敬他，是因为他太危险了。后来有一天，他发现自己被戏弄了。人们会故意告诉他一些事情来激怒他。当他发怒时，他们都会过来看戏。他这才意识到自己就是个傻瓜。他白白挨了那么多揍。当然，他仍有"硬汉"的名声——"愚蠢的硬汉"。

但阿尔并不愚蠢，他只是在维护自己的"硬汉"形象。他认为如果他不装"硬汉"，就不会有人喜欢他。他不知道如果他不强硬下去，他会成为什么样的人。放弃"硬汉"形象需要极大的勇气，但他最终搞明白了，生活中还有比扮演"硬汉"更重要的事情。

保持距离

"离我远点。"这是人们用故意型愤怒传递的一个信息。

愤怒总能把人推远。你可以用愤怒把别人赶出你的生活，有时他们会回来，有时他们不会。

故意保持距离的人会说："我们吵了一架，吵得很凶。那时我意识到我需要一些空间，所以我离开家，在外面待了几天。"

事情的真相却是这样的："嗯，罗恩，我需要一点空间，我们走得太近了。他开始谈情说爱了，接下来他想要的就是承诺，所以我跟他大吵了一架，然后我就离开了。"

因果关系反过来了。故意保持距离的人声称，因为吵架，所以需要保持距离。但事实恰恰相反，他需要保持距离，所以引发了争吵。

亲密关系很可怕，尤其是你曾经被遗弃、抛弃、背叛或欺骗过。所以，你决定不再让任何人靠近你，但要在关系中保持真实却很困难。如果你告诉你的伴侣你有点喜欢他，然后对方却离开你了，天哪，在未来一百年里你都不会让他真正靠近你。这样太血淋淋了。

于是，你会故意发怒，找点事，任何事都可以，借机吵一架。你唠叨、抱怨、发牢骚，然后爆发，吵完一架又一架。你的目的就是与伴侣保持距离，你的需求就是回避亲密关系，而这样做的危险在于容易伤害彼此。

大多数时候，你传递的信息是："你先离开一会儿，等会儿我会让你回来，只要你别靠得太近。如果你靠得太近，我就只能再跟你吵一架。"这样，你就能完全掌控这段关系。

但要注意，你不能经常传递这种信息，因为迟早别人会听到真正的信息："滚开，我永远不会做出真正的承诺，我拒绝爱你。"然后，他们就会一去不复返。你会被困在原地，独自承受愤怒。当然，你可以告诉自己，那些一无是处的混蛋无论如何都会离开你，这样你就更有理由和下一个试着爱你的傻瓜吵架了。

控制情绪

海伦从小就不被允许哭泣。"亲爱的，"她妈妈会说，"外面的世界很残酷，永远不要让别人知道他们伤害了你，永远不要在别人面前哭泣。"

那么，海伦难过时会做什么呢？她大喊大叫，她跟人吵架，她攻击别人。为了不让别人发现她的真实感受，她什么手段都用上了。她不让任何人看到她柔软的一面，包括她自己。

像许多人一样，海伦用愤怒来逃避其他的感受。她不可以感到悲伤。同样，"硬汉"只能生气而不能害怕。羞耻型愤怒者用愤怒来掩盖他们的羞耻感。有些人认为，他们不应该感到孤独或内疚。还有一些人告诉自己，愤怒是他们唯一合理的感受。

这些人有一个共同的特点：当他们生气时，他们可能看起来失控了，但他们感觉一切尽在掌握。至少与其他感受相比，愤怒更让他们有掌控感。

愤怒可以掩饰真实的情绪，它就像一块盖在其他情绪上的毯子，没人知道毯子下面是什么。只要你能尖叫、咆哮、吼叫，就足以让别人不敢窥视，他们就永远都不会知道。

如果你用愤怒来逃避其他感受，你就像一个偷偷喜欢小孩的"硬汉"，你害怕让别人知道你的真实感受。因为他们可能会嘲笑你，他们可能会利用你，所以你从不去看望孩子，你也没有自己的孩子。偶尔，你会想，为什么感到有点空虚呢？

故意型愤怒的代价

故意型愤怒，意味着个人为了权力、形象、保持距离和控制情绪而选择发怒。这通常会奏效，但代价是什么呢？

旺达和沃利正在清理房子里的垃圾。"嘿，我有个好主意，"旺达说，"我们生一堆篝火吧，把这些东西都烧掉。"然后，他们这样做了。但不幸的是，他们生的火离房子太近了，他们忘了准备几桶水，而风速是每小时 64 千米。再见了，房子。

故意型愤怒的人就像旺达和沃利，他们以为自己可以随时生火，随时灭火，然而事情并不总是那么简单。有时，怒火会接管一切，这就是盲目愤怒登场的时候。

罗恩在《一直很愤怒》中谈到了盲目的愤怒，它是最强烈的愤怒形式。盲目愤怒的目标是摧毁任何阻碍你的人：消灭他们，或被他们消灭。

事情是这样的，你不可能一边假装生气，一边若无其事。你摆出一副愤怒的表情，提高嗓门，来回踱步，捶打墙壁。当然，你的大脑知道这是一场游戏。但你的身体呢？它认为你有很大的危险。你的身体开始采取紧急行动，你的大脑边缘系统也是如此，它是大脑中最原始的部分，负责在你遇到麻烦时拯救你。它们一起让你的肾上腺素激增。突然间，你感到非常愤怒、兴奋和躁动。一开始假装的愤怒变得非常真实，然后你就爆发了。故意型愤怒变成了情绪上的愤怒，可控的愤怒变成了暴怒，这种失控是故意型愤怒面临的最大的危险。

那么，那些从不失控、利用愤怒来维持权力的故意发怒者又如何呢？我们之前说过，没有人愿意放弃权力，对于故意发怒的人来说尤其如此。但是，你考虑过这样做的长期代价吗？你的权力使用有多少次适得其反？你有没有触犯法律或者进过监狱？或者你认为可以用愤怒控制的那个人，是否厌倦并离开了你，你是否因此而失去了一段感情？或者你是否气得不仅摔坏了别人的东西，还摔坏了自己的东西？又或者你是否被解雇或停职？当然，愤怒是一种很好的武器，但也许你是时候学习一些与人打交道的新方法了。

你会在很多其他方面为故意发怒付出代价：被困在过去的"硬汉"形象中；善于将人拒之门外，没有人可以靠近你；除了愤怒，你什么也感觉不到。

这就是你想要的生活吗？——在不生气的时候假装生气？用愤怒掩盖自己的感受？在生活中表现得像个小恶霸？如果这不是你想要的生活，请继续往下阅读。

是时候停止故意型愤怒了

卡车装载完毕，孩子们在后座上扭来扭去，你的伴侣在等着你。

是时候跟你的朋友"小故"做最后的告别了。他的全名是"故意型愤怒"，但你也可以叫他"小故"，他最喜欢的游戏就是故意生气。

"小故"肯定不想让你离开，他和你争吵不休。他说，没有他，你无法继续生活。他提醒你，你曾经因为发怒而得到想要的东西。他说，你会后悔离开的。他预测，无论你的家人回不回来，你很快就会回来的。至于你说要诚实待人，"小故"只是笑笑。"来吧，试试看，"他嘲笑道，"做个懦夫吧，只有傻瓜才说实话。"

但你已经下定决心。当然，你已经精通假装愤怒的技巧。你曾用它来得到你想要的东西，让别人远离你，让自己成为大人物，隐藏自己的感受。你在睡梦中都可以假装愤怒。但它已经过时了，它很无趣，而且也不那么管用了。

你想要更多。你想要诚实，想要亲密，想要一个真实的自我，而不只是外在的形象，而且你愿意为之努力。从今天开始，你要继续向前，也许你准备好变得成熟一点了。

再见，"小故"，是时候重新开始了。

注意你故意发怒的时间、方式和原因

在你完全脱离旧模式之前，你需要做一些事情。

拿出笔记本，写下你最近几次故意发怒的情况。也许你的愤怒完全是假装的，也许你有一点生气，但你假装非常生气。请回答以下问题，记录下你的经历。

- 你什么时候会故意发怒？对谁发怒？
- 你说了什么或做了什么？
- 当下（短期）的结果是什么？你得到你想要的了吗？人们会害怕你或反击吗？发生了什么不好的事情吗？
- 长期的结果是什么？你故意发怒的第二天对别人有什么影响？第二周呢？第二个月或第二年呢？
- 你希望得到什么？权力？形象？保持距离？隐藏其他感受？还有别的吗？记住，故意发怒总是有原因的，你需要清楚你因此能得到的回报。

告诉其他人

"哦，不！把我故意发怒的事情告诉别人？不可能，帕特和罗恩。这就像要求一位魔术师向观众展示他如何变出最好的魔术一样。"

这种感觉太糟了，但你必须做你该做的，你必须坦白。

《匿名戒酒大全》（ *The Big Book of Alcoholics Anonymous* ）里面说，唯一无法康复的是那些"天生不诚实"的人。你是这样的吗？如果是，也许你应该放下这本书。但如果你能诚实地面对你的愤怒，现在正是时候。你必须承认你过去假装愤怒的事情，并承诺现在会保持诚实。

具体方法如下。让你生命中最重要的两个人——你的伴侣、你的孩子、你的朋友或你的同事——和你见面（如果可能的话，让他们一起和你见面），向他们回顾你刚刚记录的假装或夸大愤怒的时刻，确保提到你对他们每一个人故意发怒的时刻，向他们道歉。往前迈一步。

做出承诺

现在，你已经从故意发怒的弥天大谎中解脱了，但这还不够，未来还要怎么样？

你必须承诺你会说实话，不要再假装生气，不要再夸大愤怒，不要再胡说八道。默默对自己承诺是不够的，你需要见证人，最好的见证人是那两个你足够信任的人，你已经告诉他们你故意发怒的事情了。

例如："弗兰克、布伦达，我想做一个承诺。从现在起，我保证不再假装或夸大我的愤怒。不只是在你们面前，更是在所有人面前，我都要做到。"

把你的承诺写下来。

改变的承诺

我，_____（你的名字），承诺不再假装或夸大我的愤怒。相反，我会实话实说，我会直接要求得到我想要的东西，我不会用我的愤怒来吓唬或控制别人。

我允许你在任何时候提醒我遵守这个承诺，只要你怀疑我在假装或夸大我的愤怒。

我未来可能会生气，但我会告诉你我很生气。如果我生气了，我保证我的愤怒是真实的，不是假装的，也不是为了让你或别人按我的意思去行事。

签名 _____ 日期 _____

见证人 _____ 日期 _____

见证人 _____ 日期 _____

正确满足自己的方式

你故意发怒是有一些用处的，它帮助你获得权力、形象，帮助你保持距离、控制情绪。那你现在该怎么办？

你该如何处置权力？你以前通过用愤怒吓唬别人来获得权力，现在你该怎么办？答案很简单：别再试图控制别人了。忘记你妻子的体重问题（如果你不再抱怨，它就不会成为问题）。不要再为了让男朋友带你去看电影而大吵大闹了。别担心，你的女朋友不会因为有朋友陪伴就离开你。你的儿子不会因为去听了摇滚音乐会就直接下地狱。你的女儿不会因为穿了那条宽松的裤子或者和你不太喜欢的男孩约会就变坏。

的确，当你停止故意发怒时，你的"霸凌权力"就会减少，但那又怎样？你不需要它，因为你在掌控自己的生活，并让别人也掌控他们的生活。

不过，你还可以做一件事：学会通过提要求来得到你想要的东西。你不需要大喊大叫、威胁别人或推搡别人，只需要提出要求。当然，你不一定总能得到你想要的，没有人能一直如愿以偿，你需要接受生活的这一部分。你不能因为没有得到你想要的就发脾气，除非你是3岁小孩。

如果你需要保持距离呢？试着告诉别人你需要独处的时间。不过，最好提前做好计划。如果你想下周末去打猎，你需要提前告诉别人。你可能需要在这里或那里做出一些妥协，但你不必为了找个借口脱身而挑起争吵。

如果你一直在用愤怒来隐藏感受，该怎么办呢？深呼吸，开始倾诉，告诉别人你的恐惧、孤独、悲伤、快乐。为什么不告诉他们呢？俗话说："若非此时，更待何时？"是时候停止玩"游戏"了！感受只是感受，说出来不会要了你的命。

第七章　兴奋型愤怒

表达方式：喜欢找机会发怒，挑起争吵，对愤怒成瘾，欲罢不能。

"嗨上天"，对愤怒成瘾

"我喜欢打架的兴奋感，那时我才真正感觉自己活着。"

"让我告诉你一个秘密，帕特。我的愤怒让我很'上头'。"

"我不喜欢老是和妻子吵架，但我喜欢那种刺激感，肾上腺素激增的感觉。"

"我已经失控了，我的愤怒控制了我，它占据了我的生活。"

愤怒通常被称为负面情绪，它应该是痛苦的，它应该让人焦虑、烦恼、不舒服。那么，为什么有些人会寻求愤怒呢？为什么会有人对愤怒成瘾呢？因为他们有"愤怒快感"。

愤怒快感是人们非常愤怒时产生的强烈的身体感受。这种快感是身体对危险做出的本能的"战或逃"反应，它让人们肾上腺素激增、心跳加快、呼吸加快、肌肉紧绷。

愤怒激活了身体的感受。肾上腺素的增加可以让你感到自己很强大。它为沉闷的一天注入了激情。此外，"战或逃"的信息是由大脑边缘系统发出的，这是大脑中更原始的负责情绪的部分。让情感暂时占据大脑，会带来一种非常原始又非常吸引人的感觉，它让人不再无聊。有了感觉，谁还想思考？当你身体的感受快要爆发时，谁还想控制自己？为什么不疯狂一下呢？

愤怒快感是愤怒的秘密吸引力之一，这种能量爆发的吸引力难以戒除。

在本书的上一版中，我们将这种愤怒命名为"成瘾型愤怒"，然而，我们现在认为"兴奋型愤怒"更恰当，因为以这种方式生气的人主要在寻求兴奋和刺激的感觉。在这个过程中，他们可能确实会在心理上成瘾，我们的意思是，他们开始越来越依赖自己的愤怒，它能帮助他们感到精力充沛、充满活力和无所不能。最终，他们甚至会寻找机会发怒，挑起争吵，这样他们就能感受到自己所寻求的那种强烈的感觉。

随着时间的推移，这些人可能会变得越来越愤怒。他们也将失去灵活性。他们不再使用其他愤怒类型，而是经常依赖于兴奋型愤怒，即使这种方式并不适合于当时的情境。例如，一个男人抱怨说："我们正在进行一场正式的讨论，突然间，妻子就开始无缘无故地大喊大叫。"他可能娶了一个需要兴奋胜过解决问题的女人。当这种情况一次又一次地发生时，可以说这位妻子已经对愤怒成瘾了。

然而，这种模式在某些人身上只是一个次要过程。他们会把兴奋型愤怒和其他愤怒类型混合起来，这样就不会只依赖一种方式来回应愤怒的邀请。是的，他们可能喜欢偶尔"大吵一架"，但他们不需要通过争吵来让自己感到充满活力。

本章剩下的大部分内容描述了当人们过于依赖兴奋型愤怒时会发生的糟糕的事情。尽管如此，这种愤怒类型和其他所有的愤怒类型一样，也有其积极的价值。以下是兴奋型愤怒的一些积极价值。

- 愤怒可以刺激人。为什么人们喜欢"大吵一架"？因为健康的冲突能激发他们的斗志。观看过高中辩论赛的人都会发现，比赛让选手的眼睛闪闪发光，让他们的思维更加敏捷。
- 兴奋很有吸引力。真正地投入某件事，即使是一场争吵，也会让人感觉很好。兴奋能帮人集中注意力，使人充满活力。
- 在亲密关系中，兴奋型愤怒可能会让一方或双方都感觉良好："我们知道我们彼此相爱，因为我们有过如此激烈的争吵。"当然，在这种关系中，人们往往过着"肥皂剧"般的生活，从一个危机到另一个危机。但是，对一些伴侣来说，这可能会让他们感觉很美好，很有爱。

既然我们在本章讨论了愤怒和成瘾，这里就有一个有用的比喻：把兴奋型愤怒想象成一种上好的烈酒，这是一种不适合经常饮用的烈酒。偶尔享受一下兴奋型愤怒，可以为你的生活增添激情和活力。然而，过于频繁地享受它是不明智的。依赖兴奋型愤怒来感受活力是一个严重的错误。当人们开始依赖兴奋型愤怒时，就会出现许多问题。下面将描述其中几个问题。

依赖性

我们很容易被困在愤怒中。当这种情况发生时，愤怒会成为人们唯一能感受到的情绪。人们需要愤怒，这样他们才能感觉良好，感到兴奋，甚至感到还活着。他们会因为愤怒而失去控制。他们会成为愤怒的奴隶。

依赖性是任何成瘾问题的关键所在。事实上，你希望自己能停下来，你感到害怕，因为你停不下来，成瘾行为已经占据了你的生活。愤怒也会出现同样的情况。曾经，你可以决定什么时候发火，在哪里发火，发多大的火。现在不行了。现在，你的愤怒反客为主。你在心理上已经成瘾了。

在这里，我们引用克雷格·纳肯（Craig Nakken）在《成瘾人格》（*The Addictive Personality*）中对成瘾的定义。纳肯将成瘾定义为"对某个物品或事件的一种病态（不健康）的爱与信任关系。"这里的事件是指赌博、购物和打架等活动。

加大刺激的需要

耐受性的增强是成瘾的迹象之一。酗酒者必须喝更多的酒才能感到兴奋，赌徒则需要更大的赌注。兴奋型愤怒的人也会如此。渐渐地，兴奋型愤怒成瘾者需要越来越激烈的争吵。一开始，争吵 10 分钟就足够令人兴奋了。然后，他们需要半个小时的大声争吵。现在，他们的争吵会持续几个小时，还会发生推搡。下一步就是殴打。

他们需要越来越多的愤怒、更强烈的愤怒，这样才能感到自己还活着。他们需要更多的刺激、更多的兴奋。

兴奋型愤怒成瘾者经常把兴奋误认为是亲密。他们大声咆哮，以为这样表现了他们有多在乎对方。他们争辩说："如果我没有那么爱你，我就不会这么生气。"但他们不是在表达爱，他们其实是在利用别人。他们挑起争吵是因为他们需要刺激和兴奋。比起爱别人，他们更爱自己的愤怒。

兴奋型愤怒成瘾清单

以下是一份问题清单，它可以帮助你了解自己是否对愤怒成瘾，请勾选符合你情况的描述。

- 我会找理由生气。
- 我不生气的时候感到很无聊。
- 我喜欢跟人大吵一架。
- 有时我的愤怒似乎控制了我。
- 我用愤怒来逃避生活中的其他问题。
- 我在争吵时感到非常兴奋。
- 我的愤怒会让我"嗨上天"。
- 我比以前更容易生气。
- 我跟他人的争吵越来越严重 —— 声音更大，时间更长，也更激烈。

- 我向自己承诺要控制愤怒，但没有做到。

- 我担心自己在生气上花了太多时间。

- 我一直在寻找可以生气的事情。

- 我经常在发怒后感到内疚。

- 我觉得自己对愤怒成瘾了。

如果你勾选了其中哪怕一个描述，愤怒就是你生活中的一个问题。如果你勾选了好几个描述，那么你的问题就很严重了。你勾选的描述越多，你就越有可能在心理上对愤怒成瘾。

兴奋型愤怒成瘾的迹象

我们已经注意到兴奋型愤怒成瘾的 4 个主要迹象。

- 渴望或需要从愤怒中获得快感。

- 对愤怒的耐受程度不断增强。

- 失去控制。

- 在人际关系中，误把兴奋当成亲密。

此外，还有其他迹象。

否认

玛格丽特的父母、好友和未婚夫都告诉她，她有愤怒问题。他们很担心，尤其是她还因为和老板吵架丢了工作。但她听进去了吗？没有，她只会更加生气。他们凭什么干涉她的事情？她说她没有愤怒问题，或者只要那些蠢货别挡她的道，她就不会发怒。玛格丽特完全否认自己有愤怒问题。

最小化

查理不比玛格丽特好多少。当然，他承认自己有"一点"愤怒问题。他偶尔会大声嚷嚷，不过这没什么大不了的。只是他的孩子不再和他说话，他的妻子正在起诉离婚，他最好的朋友也不再邀请他去看球赛。查理在最小化他的愤怒问题。他承认自己有问题，但他没有意识到它有多严重。

合理化

"好吧，帕特，如果你在我的家庭长大，你也会愤怒的。他们对我很糟糕。这就是我现在对每个人都这么刻薄的原因。"我们为此感到遗憾，但我们并不买账。谁的成长过程不艰难？这个人正在用他的过去为自己现在的不负责任辩护。事实是，他总是在找借口发怒，因为他渴望愤怒的快感。

咆哮模式

有些兴奋型愤怒成瘾者会沉溺于愤怒之中。他们并不经常生气，但一旦生气，就要小心了！这种愤怒会持续数小时或数天。其他的一切都不再重要。他们会战斗到筋疲力尽，尖叫到声嘶力竭。

牢骚模式

另一些兴奋型愤怒成瘾者更喜欢每天稳定地表达愤怒。他们每天都会生气，但不像咆哮者那么激烈。他们在生活中爱发牢骚，常常悲观厌世、愤世嫉俗、尖酸刻薄。如果说咆哮者带来的是暴风雨天气，那么牢骚者带来的就是无尽的阴雨天。

顺便说一下，有些人两者兼而有之。他们通常很愤怒，就像牢骚者一样，但他们也会咆哮。这些人的愤怒问题是最大的。在日常生活中，他们只会从"生气"到"非常生气"。

通往自由的道路：冷静、适中和选择

"好吧，罗恩和帕特，我承认。我对兴奋型愤怒成瘾了。我渴望那种愤怒的快感。现在该怎么办？"

在本书的每一章中，你都会遇到关键时刻——做出决定的时刻。你是只想了解你的愤怒，还是想为此做点什么？

如果你对兴奋型愤怒成瘾，现在就是关键时刻。

你想做出多少改变？你准备好采取必要的步骤来戒除成瘾了吗？你愿意为了更好的生活而放弃愤怒快感吗？如果是，请继续阅读。

佩内洛普和保罗都是兴奋型愤怒成瘾者。他们在一条老路上走了很长时间，最终他们来到了一个十字路口：一个路标指向愤怒城，另一个路标指向自由城。他们选择了自由城。

在抵达自由城之前，他们必须经过 3 个小镇：首先是冷静小镇，接着是适中小镇，最后是选择小镇。

"冷静，唉！"佩内洛普讨厌冷静。对她来说，这意味着无聊、沮丧、浪费时间。她不明白为什么有人想要保持冷静，但在保罗的帮助下，她缓慢地穿过小镇。"来吧，佩内洛普，学会放松。20 年来，你一直在愤怒中度过，尝试一些新的东西吧。"

接着轮到保罗反抗了。"适中！"他喊道，好像它是个脏词一样。保罗是个非此即彼的人，他认为适中意味着普通，而他从来都不普通。不过，佩内洛普帮助了他。她提醒他，正是他这种非此即彼的思维引发了他的愤怒："保罗，一出问题，你就死定了。你总是把小麻烦变成大危机。这样你永远不会好起来的。"

最后，他们来到了选择小镇，这真是个好地方。为什么这么说？因为他们已经很多年没有做过选择了，他们不得不生气，愤怒主宰了他们的生活。当愤怒说"发火"时，他们唯一的问题是："发多大的火？"现在，他们可以选择是否生气，选择生气的频率、程度，以及何时停止。

保罗和佩内洛普终于抵达了自由城。只要他们记得保持冷静、节制，并做出选择，他们想在那里待多久就待多久。

冷静

一天，我们的朋友兼同事布鲁斯·卡鲁思（Bruce Carruth）问道："愤怒的反义词是什么？"过了好一会儿，我们才想到——冷静（calm）。

然后，我们在几本字典中查阅了"冷静"一词。其中的一些定义包括：静止，没有激烈的动作；平静；镇定自若；从容不迫；特别是，愤怒之后恢复对情绪的控制（冷静下来）。

但关键就在这里。"冷静"一词源自古希腊语 kauma 和拉丁语 calere，分别表示"灼热"和"炙热"。当你的"温度"太高时，不管你是内心怒火翻腾还是气得面红耳赤，都是时候停下来、冷静下来了。

兴奋型愤怒成瘾者习惯了"高温"。想想我们如何描述一个愤怒的人：面红耳赤、脸色铁青、怒气冲冲、火冒三丈、怒火中烧、气得冒烟、热血上涌、脸红脖子粗、满脸通红、火热地战斗。肾上腺素激增和血液循环加快让他们的身体发热，这是愤怒快感产生的主要原因。

对"高温"的需求必须停止，必须以冷静取而代之。

冷静可以平衡愤怒快感，因为你不可能同时处于这两种状态中。冷静意味着在压力下保持平静，学习如何放松。这种感觉与愤怒完全不同。冷静意味着控制自己的身心，而不是屈服于愤怒的行动要求。这意味着在任何时候都要保持理智。

但是如何去做？多年来你一直在做相反的事情，你该怎么学会保持冷静呢？这需要练习，大量的练习。它从一个承诺开始：我保证今天一整天都保持冷静。就一天，如果成功了，就再试一天。如果你不能保持冷静，找出原因并加以解决。

要保持冷静，你必须放松。放松是可以学习的。你越放松，就越能保持冷静。

罗恩在《一直很愤怒》一书中提出了一些帮助人们放松的建议。

我们在此列出这些建议，因为它们非常有效。

放松你的眼睛。 没有愤怒的表情，你根本无法让自己愤怒，所以，不要怒视、瞪眼或眯眼；相反，让眼睛周围的肌肉放松。每当你开始心烦意乱时，放松你的眼睛。

慢慢地深呼吸。 做 10 次缓慢的深呼吸，大声数出来。感受空气一直向下进入你的腹部，再感受空气慢慢呼出。当你做这 10 次深呼吸时，不要想任何事情。

小声地交谈。 保持正常的语速、音量和音调。记住，很多兴奋型愤怒成瘾者只有当别人反馈时，才意识到自己在大声说话。如果你听到自己的声音变了，要像对待一只走失的狗一样，告诉它立刻回到它应该在的地方。

绷紧肌肉，然后放松。 从你身体最紧绷的部位开始这样做，包括你的肩膀、拳头、下巴。这是我们已使用多年的经典放松训练技巧的简化版。

放松大脑。 没有冷静的头脑，放松身体有什么用？你需要告诉自己，"我现在要让自己放松"或"我会控制自己，放松下来吧"。

有很多关于放松的好书。我们建议你买一本并经常翻阅。我们推荐你阅读玛莎·戴维斯（Martha Davis）、伊丽莎白·罗宾斯·埃谢尔曼（Elizabeth Robbins Eshelman）和马修·麦凯（Matthew McKay）合著的《20 堂心理减压课》（*The Relaxation & Stress Reduction Workbook*）。练习，练习，再练习。如果需要的话，参加放松训练课程或团体，这是值得的。最终，放松会成为你的第二天性，你将难以想象没有它的生活。

适中

适中意味着不走极端，这与非此即彼的思维模式截然相反。

非此即彼的思维模式是一种燃料，它让兴奋型愤怒成瘾者的怒火熊熊燃烧："她总是把我看得一文不值。""那些孩子从来都不听话。""没有人爱我。""我总是很生气。"非此即彼的思维会使人变得僵化和脆弱，一点也不灵活。

小安妮回家晚了 15 分钟。她应该得到一个警告，提醒她按时回家，但她的爸爸没有这么做，这是他大发雷霆的绝佳借口。"你怎么敢又这么晚回家！你从来不按时回家。你总是晚回来。我真的对你很生气。"最可怕的是，他真的这么认为。这种非此即彼的模式扭曲了他的想法。他以为自己看到的是事物的本质，其实他是透过一扇模糊的窗户在看生活。在这个充满色彩的世界里，他只看到了黑和白。

非此即彼的思维是暴怒的基础。长期酗酒的人说："我从不只喝一两杯，罗恩。当我喝酒时，我的目标就是大醉一场。"兴奋型愤怒成瘾者说："好吧，帕特，我从不只是有一点生气，我总是大发雷霆。"

不过，酗酒者和兴奋型愤怒成瘾者之间有个很大的区别。康复中的酗酒者的目标是彻底戒酒，完全戒掉，这是必要的，因为很少有酗酒者能做到只在社交时喝酒，他们的身体渴望酒精。

兴奋型愤怒成瘾者则更像是强迫性暴食者。强迫性暴食者无法设定完全戒断食物的目标，这样他们会"饿死"的；但是，他们要尽量避免暴饮暴食，同时学会适度饮食。

愤怒是一种自然的情绪。自从人类诞生以来，它就是人类的一部分。为了生存，你需要一些愤怒，因为愤怒会提醒你有一些严重的问题需要你去注意。

然而，愤怒快感不是必需的——让兴奋型愤怒者成瘾的就是它。还有许多其他方式——更好的方式——让人感觉良好。

以下是兴奋型愤怒成瘾者的恢复方案。

- 停止通过愤怒获得快感。
- 学会时不时地适当生气。
- 不要失控或大吵大闹。

练习：你现在就可以做这个练习，它将帮助你学会如何适度地表达愤怒，它的名字叫"愤怒温度计"。

把愤怒想象成一个温度计。温度计的底部是"烦恼""烦躁""焦躁"等词，中间是"生气""恼火""愤怒"等词，顶端是"暴怒""冒火""狂怒"等词。

愤怒快感只会在温度计的顶端出现。要达到那个"温度"，你需要大发雷霆，这是你需要避免达到的温度。

温度计的左边是我们刚刚提到的词语。

狂怒　　＿＿＿＿＿＿＿＿＿

冒火　　＿＿＿＿＿＿＿＿＿

暴怒　　＿＿＿＿＿＿＿＿＿

愤怒　　＿＿＿＿＿＿＿＿＿

恼火 _____

生气 _____

焦躁 _____

烦躁 _____

烦恼 _____

右边是留给你的。请制作你自己的愤怒温度计，从底部开始，至少用两个词语来表达轻度愤怒，然后用两个词语来表达中度愤怒，最后填上代表重度愤怒的词。请选择你实际使用或将要使用的词语。

以下一些词语可以帮助你描述轻度和中度的愤怒。如果你是一个兴奋型愤怒成瘾者，在重度愤怒方面你应该不需要帮助。

不喜欢	生气	被打扰	被挑衅	不开心
不高兴	被冒犯	有点恼火	生闷气	被激怒
愤愤不平	被惹恼	发脾气	谩骂	恼火
恼怒	烦躁	焦躁	烦恼	不安

你的愤怒温度计至少需要 5 个词语，2 个表达轻度愤怒，2 个表达中度愤怒，1 个表达重度愤怒。请把这份清单一直放在口袋里，用它来告诉别人你到底有多生气。更重要的是，在练习保持冷静的同时，养成使用表达轻度和中度愤怒的词语的习惯。你可以在表达愤怒时保持冷静，但只能使用表达轻度和中度愤怒的词语。你可以不急不躁地表达愤怒，记得只能使用表达轻度和中度愤怒的词语。

选择

兴奋型愤怒成瘾者是奴隶，他们的主人是愤怒。但是，只要记住自己永远有选择的权力，就可以逃离并获得自由。不管别人说什么或做什么，我们都不必非要生气。

我们的目标是摆脱心理上的成瘾。如果愤怒冲动控制了你的生活，你就无法获得自由。康复中的酗酒者必须很快学会说"不"。否则，晚上他们又会和朋友们一起喝酒。强迫性暴食者必须对零食、糖果和很多食物说"不"。"暴怒狂"必须对愤怒快感说"不"，对很多发怒的机会说"不"。

我们喜欢使用愤怒邀请这个概念。所谓"愤怒邀请"，指的是任何让你有机会生气的事情。比如，你排队时有人插队，你的闹钟响了，你的父母很专横，你的狗在地毯上撒尿。问题在于，兴奋型愤怒成瘾者（以及其他有严重愤怒问题的人）接受了每一次邀请，他们从来没有遇到过不喜欢的愤怒邀请。兴奋型愤怒成瘾者甚至更进一步，把愤怒邀请变成暴怒邀请，这样他们就更能"嗨上天"。

大多数人可能一天会收到好几次愤怒邀请，然而，兴奋型愤怒成瘾者会收到更多，他们还会主动寻找它们。只有一种方法可以让你不再成为一个"暴怒狂"，你必须选择拒绝几乎所有的愤怒邀请。

"不，谢谢你。我想我就不接受了。是啊，我以前肯定会很生气，但今天不会，我不想让它打扰我。"

你所有的朋友和家人都预料到你会非常生气。当你拒绝愤怒邀请时，他们会感到惊讶，他们甚至会给你一些额外的愤怒邀请，只是为了确认你是否会接受。所以，你每天都要准备好拒绝很多的愤怒邀请。不过，过一段时间他们就会明白了，你不再是以前那个爱嚷嚷的人，你的暴脾气已被冷静取代，没有愤怒的快感你也能生活，你不再是愤怒的奴隶。对愤怒说"不"意味着对冷静、适中和选择说"是"。

如果你对兴奋型愤怒成瘾，那么你已经接受了很多愤怒的邀请。事实上，有时候你确信别人做一些事只是为了让你生气。记住，你不必接受每一次愤怒邀请。还有，请记住这 4 句话：聪明的鱼儿不咬钩；聪明的鱼儿自己做决定；小鱼不咬摆在那儿的鱼饵才能长大；聪明的鱼儿不咬愤怒的诱饵才能活得长久。所以，当你认为有人故意引你生气时，请不要上钩。

你现在就可以练习成为一条聪明的鱼儿，写下一些总是让你生气的事情，选择一两件，然后下定决心做到：当你看到这些诱饵时，你会记住以上 4 句话，并拒绝上钩。当你这样做的时候，你会发现自己的态度开始改变，而且别人也开始改变他们的行为：你不用忙着对他们生气，他们也不会忙着惹你生气。

第三部分

长期性的愤怒

第八章　习惯型愤怒

表达方式：总爱生气，却不知道为什么，明知道生气不对，却控制不住自己，爱发牢骚。

愤怒，愤怒，无处不在，
是时候大闹一场了。
愤怒，愤怒，无处不在，
根本没必要多想。

"帕特，我不明白自己怎么了。今天早上我 6 点半起床，7 点就和妻子吵了一架，然后又对孩子们发了脾气。我也不知道自己发怒是为了什么，就这样持续了一整天。这对我来说是平常的一天。我总是生气，但找不到真正的原因。我一点也不喜欢这样。"

多么悲惨的生活！

更可悲的是，这正是成千上万人的生活方式。他们总是在生气，却不知道为什么。当然，他们总能找到让自己生气的事情。每个人都能找到。但很多人还是发现，生气一点也不好玩。大多数人都学会了谨慎地挑起争吵，只有遇到严重问题时，他们才会生气。他们会忽略所有额外的愤怒邀请，不为小事而生气。他们不想经常生气，因为生气会让人不舒服。

然而，习惯型愤怒的人会不断重复一种模式，即使这种模式会带来糟糕的结果。他们的愤怒会一次又一次地制造麻烦。与兴奋型愤怒成瘾者不同，他们不喜欢发怒，也不寻求愤怒的快感。他们知道自己应该停下来，却做不到。

习惯型愤怒：凡事都往坏处想

愤怒的习惯由两部分组成：一是永远充满敌意的思维方式，二是重复的、自动的发怒行为。以下是习惯型愤怒的人会做的事。

- 对别人和生活抱有最坏的预期。大多数习惯型愤怒的人都是悲观主义者。他们一般都是阴郁、沮丧、不快乐的人。当然，他们的世界里偶尔也会发生好事，但他们总是认为坏事会接踵而至。而当不幸的事情发生时，习惯型愤怒的人认为接下来会发生更糟糕的事。

- 当他们产生怀疑时，他们总是对事件进行消极的解读。这种模式的正式名称是"敌意归因偏见"，意思是说，习惯型愤怒的人听到任何积极的评价，最多也只能将其当成中性的评价。例如，他们听到有人说"你穿的这件衬衫真不错"，会理解成

"嗯，这件衬衫勉强可以接受，至少比你昨天穿的那件好"。他们会把中性的评论当成负面的攻击。在他们的头脑里，别人说"我中午和你一起吃午饭"，会变成"我告诉你中午和你一起吃午饭这件事，是因为你是个健忘又无知的人"。他们会把轻微的批评当成毁灭性的攻击。因此，别人说"我不喜欢你说脏话"，可能会被解读为"我讨厌你这个人"。他们对别人言论的负面解读常常让他们的伴侣、朋友和同事感到困惑："他到底为什么对我刚刚说的话这么生气？"

• 他们几乎对所有事情都感到愤怒。在与愤怒的人打交道时，我们经常提到愤怒邀请。"愤怒邀请"是指任何如果你接受了邀请就可能会发怒的事情。虽然大多数人很早就知道，他们不应该接受太多的愤怒邀请，因为发怒会带来很多麻烦，但习惯型愤怒的人从未遇到过不喜欢的愤怒邀请。他们好像在说："当然，我会为此发怒，非常感谢。"

• 他们寻找更多的机会来练习发怒。习惯型愤怒的人不会坐等愤怒的邀请向他们飘来。不，那样太被动了。相反，他们会去寻找它们，他们也会预先想象。例如，他们可能会在回家的路上就酝酿情绪，因为他们认为孩子肯定没有打扫房间。他们也会挑起争论，因为他们期待发生冲突。

如果说这种生活方式并不美好，那就太轻描淡写了，实际情况比这更糟。那些习惯型愤怒和充满敌意的人，是我们见过的生活满意度最低的人。毕竟，谁愿意过一种完全被愤怒支配的生活呢？

习惯型愤怒的成因

怎么会这样？凡事都有原因。没有什么事情会无缘无故地发生。那么，为什么有些人明知愤怒对他们没有任何好处，还会生气并且持续性地生气呢？我们认为，答案藏在我们每个人的大脑功能和个人经历中。

并没有单一的愤怒基因导致人们习惯性地充满敌意。然而，每个人的大脑都是独一无二的，有些人的大脑构造使他们比其他人更容易生气。此外，跌倒、事故和殴打造成的脑损伤，即使看起来很轻微，也可能会损害一个人控制愤怒想法和攻击行为的能力。

研究发现，习惯型愤怒与大脑多个区域的损伤或缺陷有关。这些区域包括前额叶皮层（我们的"执行控制中心"）、大脑两侧的颞叶，以及被称为杏仁核和海马体的情感边缘系统的部分。有一些特定的药物可以帮助一些人减少愤怒和敌意，包括抗抑郁药物、抗癫痫药物和抗精神疾病药物。但是，有长期愤怒问题（如刚刚描述的问题）的人应该在什么时候尝试服用这些药物呢？

以下是我们的建议。可以先尝试在不服药的情况下改变现状。比如通过阅读相关的书籍，坚定地承诺改变自己的行为，必要时与朋友和咨询师聊聊，看看自己是否可以打破充满敌意和愤怒的习惯。尽你所能，学习如何减少发怒，增加满足感。但是，如果这在 3～6 个月后仍然不起作用——如果你仍然几乎每天都生气，或者你无法控制自己的愤怒，或者你偶尔会伤害他人——那么请预约治疗师、心理学家或医生进行咨询。

现在，让我们来谈谈个人经历在导致习惯型愤怒中的作用。在孩提时代，习惯型愤怒的人可能已经懂得愤怒是有用的。他们通过发怒得到了自己想要的东西。也许他们发现父母会因为他们发脾气而让步。他们只需要扑倒在地、屏住呼吸，直到脸色发紫，然后就能得到冰激凌，或者就能放假一天。也许在他们的家庭中，发怒是唯一获得关注的方法。发牢骚可能也有用，他们只要嘀咕、嘟囔、抱怨一会儿，大家就都跑过来了。

他们越是发怒，就变得越熟练。他们不断练习，学会了这项技能。最后，这种行为变成自动化的了。他们不需要再练习就可以不假思索地发怒。他们已经养成了愤怒的习惯。

习惯型愤怒的人还可能会有这样的经历。他们中的许多人来自充满愤怒的家庭，他们目睹父母双方或其中一方经常发怒。他们认为，对父母有用的东西应该对他们也有用。他们复制了自己所看到的东西。孩子们不会质疑这些事情，直到很久以后，他们才会将父母与别人进行比较。他们只是试图表现得跟父母一样。他们愤怒的原因是为了像父母一样，而不是为了真正解决问题。多年以后，即使他们知道经常发怒是不对的，他们仍然在模仿自己的父母。

其他习惯型愤怒的人可能经历了很长一段时间糟糕的日子。他们可能经历了疾病、贫困、父母分居或离婚、身体虐待或心理虐待。他们逐渐变得充满怨恨和敌意。生活让他们吃了不少苦头，他们的脾气开始变坏。的确，糟糕的日子过去了，他们的疾病痊愈了，他们不再那样贫困，他们的父母要么重归于好，要么继续各自的生活。但不知为何，他们始终无法从愤怒中走出来。

我们可以花几个小时找找他们现在发怒有什么好处，但这不是重点。他们发怒不是因为现在发生的事，而是因为过去的经历。他们因为愤怒而愤怒。他们的愤怒习惯让他们困在过去的行为模式中。

爱发牢骚的人

　　你读过米尔恩（A. A. Milne）的《小熊维尼》（*Winnie the Pooh*）吗？这是一个关于小熊维尼、跳跳虎和其他几个动物的精彩的儿童故事。其中有个非常特别的动物，他叫屹耳（Eeyore），是一头阴郁的驴子。

　　屹耳就没有快乐过。他是书中老牌的悲观主义者，总是预期事情会出错。例如，没有人会记得他的生日，即使他们记得，他也会想方设法不去享受聚会。野餐的日子总是会下雨，生活的问题会接踵而至，屹耳总是对这个灰暗无聊的世界感到失望。

　　屹耳爱发牢骚，他总是喃喃自语道："不会有什么好事发生，即使有，也不会长久。"

　　发牢骚是习惯型愤怒的一种形式。它结合了愤怒和悲伤，就像两条河流汇成一片痛苦的海洋。爱发牢骚的人常常显得沮丧、痛苦、绝望。他们相信生活永远不会变得美好。他们没有意识到自己是抑郁的罪魁祸首。他们没有意识到，是自己的消极想法使天空出现"乌云"，让野餐的日子"下雨"。

　　爱发牢骚的人很容易被激怒。他们不管怎样总有些愤怒，因为他们总是在寻找人们最坏的一面。不过，他们不一定会大发雷霆。

相反，他们会喋喋不休地抱怨一些小事："彼得，我跟你说过，我想要烤好的百吉饼，然后涂上黄油，你却涂了果酱！你从来没有做对过。"他们让别人变得不自在，因为没有人能取悦一个爱发牢骚的人。

有时，爱发牢骚的人会产生僵化的期望，从而导致失望。玛丽希望劳里每两天给她打一次电话。如果劳里一周只打一次电话，玛丽就会生她的气。她认为劳里不在乎她，并没好气地说"指望不上她"。但她并没有告诉劳里她的期望是什么。即使她说了，劳里某一周只打了一次电话，也不能证明劳里不在乎她。这可能说明劳里那一周很忙。M. 斯科特·派克（M. Scott Peck）说过："期望是有预谋的怨恨。"帕特说："期望太高，你会经常失望。接受现实，你会经常感到快乐。"期望的习惯往往会导致长期愤怒的习惯。

愤怒的习惯有 3 大特征

"嘿，亲爱的，那个演地方检察官助理的演员叫什么名字？你知道，就是那个戴眼镜、有点矮的家伙。我想他就是在另一部剧里演反派的那个人。"

习惯就像电影里的配角演员。他们经常出现，演技精湛，没有他们，就没有电影。但是，不知为何，你总是记不住他们的名字，也无法描述他们。

习惯的 3 个重要特征有助于解释它们的力量和隐蔽性：它们是自动发生的；它们感觉起来很正常；它们具有强迫性。

习惯是自动发生的

咬指甲、刷牙、把头发梳向一边、开车、签名方式——所有这些行为，乃至更多，都是习惯使然。你不会去思考它们，只是照做而已。如果做出某个行为的前提是你需要思考，那就不是习惯。

对有些人来说，习惯型愤怒是自动发生的。他们没想过要发怒，但他们就是这么做了。例如，迈克、梅洛迪、苔丝和海伦正在愉快地玩奇幻游戏，他们忽然听到有人敲门。胆小的迈克担心自己做错了什么；喜欢社交的梅洛迪高兴地大声欢迎；海伦则焦虑不安、不知所措，她叹息着，因为她认为敲门声意味着有工作找上门来了。

与此同时，苔丝被激怒了。她在想："谁敢打扰我们玩游戏！我不知道谁在外面，但他最好有个好理由。"

"是谁?"她咆哮道。每个人都能看出她很愤怒。

迈克总是恐惧，梅洛迪总是快乐，海伦总是担心。我们会在另一本书中写到他们。我们现在感兴趣的是苔丝，因为她会习惯性地发怒。

苔丝立刻做出愤怒的反应，她没有停下来思考，这是习惯型愤怒的人的典型表现。苔丝养成了愤怒的习惯，她的思维、言语和行动都固定了。她听到敲门声很生气，因为她几乎总是对出乎意料的事情感到生气。

如果苔丝是一台计算机，愤怒就是她的默认设置。默认设置是在有人改变它之前持续的控制状态，就像打印机在改变设置之前会持续在一页纸上打印 25 行一样。苔丝必须有意识地推翻愤怒设置，才能感受到其他情绪。在学会如何关闭愤怒设置之前，她不会感受到恐惧、快乐、悲伤或其他任何情绪。

好主意，但要如何关闭愤怒设置呢？与计算机相比，人的大脑要复杂得多。你没法通过简单地拨动一下开关或编写一个新程序来解决问题。愤怒的习惯已经根植在你的大脑中，这是成千上万次重复的结果。而且，你每生气一次，愤怒的习惯就会变得更强大。愤怒是一种习惯，它会自我滋养，并在这个过程中越来越根深蒂固。

不过，思维和行动是可以改变的，改变的第一步就是充分地觉察你的行为。本章稍后将介绍如何做到这一点。

习惯是自动的、无法控制的，让人习以为常

你不会对习惯进行思考，如果你经常注意到它们，它们就不是习惯了。

一日三餐是大多数人的习惯。你可能会花几个小时来决定早餐、午餐或晚餐吃什么，但你很少会问自己是否需要这三餐。你甚至不会问自己是不是饿了。早上 7 点意味着早餐时间。就是这样，早上 7 点吃早餐很正常，下午 2 点才吃早餐就不太正常了。

对于那些有愤怒习惯的人来说，发怒已经成为一种常态。每天早上 7 点的争吵，几乎像早餐一样准时上演。事实上，它们很可能同时进行，在早餐时间吵架对他们来说很正常。"把黄油递给我！""下地狱去吧！"

习惯是可以预测的。我们在做夫妻咨询时，总是会询问他们习惯性争吵的问题。这些争吵甚至可以在睡梦中进行。首先我说这个，然后她做那个，接着我做这个，她说那个，然后……这些争吵

的感觉并不好。即使发生 500 次，它们依然会带来痛苦。但双方都不知道如何阻止它们。它们是日常生活的一部分。它们很容易爆发，因为你只需要说出触发词或某个短语，如"你妈妈……""你太懒了……""你的体重……""家里太乱了……"，然后你们就进入了"自动驾驶"状态。

习惯性的争吵很难停止。

罗恩：乔、莎莉，你们又开始了。先是乔像往常一样说莎莉是个骗子，然后莎莉为自己辩解，说乔是个恶霸。现在轮到乔说莎莉疯了，对吧？你们现在能停下来吗？

乔：但是，罗恩，她确实疯了。

莎莉：不，我没疯。疯的是你，你个蠢货。

罗恩：嘿，冷静点。你们真的要一直吵下去吗？你们就不能停下来吗？

乔：我当然可以，罗恩，但她是个疯子。不仅如此，她还无情又自私。

莎莉：我才没有。我是唯一关心别人的人，你这个以自我为中心的蠢货。

争吵就这样变得没完没了。这对夫妇花了大价钱来找咨询师，却把咨询师的话当耳旁风。

习惯一定得走完整个流程。乔和莎莉就像习惯咬指甲的人，现在只咬到第三根手指，不管结果如何，都必须把这只手咬完。

对于那些有愤怒习惯的人来说，有生气和持续生气的感觉很正常，平静才是不正常的，冷静、协商和放下愤怒也不正常。

习惯是具有强迫性的

"哦，当然，我可以停止发怒。这只是我几年前养成的坏习惯，我会戒掉的。"

这可不一定。

人们在试图戒掉某种习惯之前，往往意识不到自己的习惯有多么顽固。这种习惯可以小到穿鞋时先穿右脚，也可以大到酗酒成瘾。改变习惯的阻力是巨大的。

更糟糕的是，习惯就像游击队员，它们很少公开露面，它们的大部分能量都集中在无意识的层面。例如，我们见过一个酗酒者发誓再也不沾一滴酒。与此同时，他的手却正在打开冰箱，伸手去拿啤酒。他确实不知道自己在做什么，但他就是这么做了。

愤怒是一种苛刻且有控制性的习惯。如果它能说话，它就会这样说："听着，伙计，一切由我来控制，这里的事由我来思考。你得按我说的做，否则你就死定了。"它说到做到。要是试着暂时停止发怒，你可能会感到焦虑，不知道该做什么或说什么。你不得不仔细考虑你要走的每一步。此外，愤怒的习惯很狡猾。哪怕放松警惕一秒，你就会突然听到自己在对别人大喊大叫。"怎么会这样？"你会问自己，"我以为我控制住了自己的愤怒，然后，'砰'的一声，我失控了。"

总结一下，习惯型愤怒：

- 是多年前习得的，通常是在童年时期习得；

- 是成千上万次重复的产物；

- 不再有特定的目的；

- 由敌意和消极行为组成；

- 让人无端地发怒；

- 无须过多思考或选择就会发生（自动发生）；

- 对愤怒的人来说感觉很正常；

- 强烈地拒绝改变（具有强迫性）；

- 导致一个人很快发火，并且持续很久，因为他一贯如此。

终结习惯型愤怒

习惯是强大的，与它们正面交锋很困难，但它们有一个致命的缺陷：它们笨得像傻瓜。只要你掌握方法，就能轻松驾驭它们。

检视你愤怒时的想法和行为

摆脱习惯型愤怒的第一步是完全意识到你的愤怒是如何运作的。就像吸血鬼一样，习惯型愤怒大多是在黑暗中活动的。用知识的光芒照亮它，就能将它赶得远远的。

所有的行为都是由行动、想法和感受组成的。问题在于，习惯使你的行为在很大程度上是无意识的。你要做的就是突破自己，进入完全有意识的状态。

让我们从你习惯性的愤怒行为开始。这些都是你自动去做的事情，它们会让你的愤怒变得更糟。首先看看你的身体做了什么。你会把手握成拳头吗？你会提高音量吗？你会来回踱步吗？你会吹胡子瞪眼吗？你会呼吸急促吗？现在想想你向世界宣示愤怒的言语和行为。你会扔东西吗？你会不停地抱怨吗？你会为了抱怨而抱怨吗？所有这些行为都会助长你的愤怒，它们告诉你的大脑：外面有危险，你应该准备战斗。

习惯型愤怒的人思维很消极。他们的整体世界观——他们看待世间万物的方式——更侧重于问题、忧虑和麻烦。他们认为世界是个糟糕的地方，有很多可怕的事情正在等着他们。他们在无意识中假设世界是糟糕和危险的。这就是我们必须充分认识和挑战的东西。

满脑子消极想法的人就很容易生气。习惯型愤怒的人不假思索地把愤怒带在身上，就像背着一袋石头，以备不时之需。如果他们背的时间足够长，他们甚至会忘记背上的行囊。

愤怒的习惯是高效的，你只需一直生气或抱怨，而无须思考。这就是现在要改变的，要打破这个习惯。下定决心，不再把任何事情视为理所当然。永远不要说："我当然感到生气。"不要让你的愤怒自动发生。尽可能地了解你的愤怒是如何产生的。这样做的目的是减缓这个过程，让它成为有意识的。只有这样，你才能选择何时及如何发怒。

想象一个全新的自己

第二步将完全出乎意料地改变你的习惯。你必须想象自己以一种全新的方式看待生活：平和地、平静地、愉悦地，而不是愤怒地看待生活。摒弃那种"现在的生活很糟糕，以后肯定会更糟糕"的心态。

我们创造了一个普遍的场景来向你表达我们的意思。你可能需要根据自己的情况稍做改动，但这是你积极想象的基本场景。多读几遍，或者将你自己的声音录下来。现在闭上眼睛，做几次深呼吸，放松，想象自己处于改变的状态中。

现在我很放松，很平静。这正是我想要的状态。我感到安全和舒适。我对自己和世界都感到平和。我的呼吸绵长而平静。我的神经很放松。我所有的愤怒都消失了，我享受这种平静的感觉。我很满足。

今天，此刻，我觉得这个世界很美好。我在这里有自己的一席之地。我有我的家人，有我的朋友。我喜欢和他们在一起，我喜欢他们。我感受到了他们的仁慈和善良，他们也感受到了我的友好。和他们在一起，我觉得很安全，我信任他们。

我听见自己与别人交谈——安静、平和地交谈。我听见双方的笑声交织在一起。我听见人们玩耍和享受生活的声音。

我看见许多友好的面孔，我看见人们微笑着邀请我加入。

我喜欢快乐，我喜欢没有愤怒。只要我愿意，我可以随时回到这样的状态。这是我的生活，我选择平静与平和，我选择拥有希望和喜悦。

这不是一次性的想象。你需要经常练习它，也许可以时不时地对它做些改变，以保持新鲜感。

没有什么可以阻止你做这件事，甚至你的愤怒也不行。每做一次这样的想象，愤怒的习惯就会减弱。

培养乐观的习惯

摆脱愤怒习惯的第三步是培养乐观的习惯。爱抱怨的人最需要做这一步，他们总是看到事情最坏的一面。如果你是一个爱抱怨的人，你必须意识到是你造成了问题，而不是这个世界。外面的世界就是那样，它既不好也不坏，是你自己决定了生活是阴天还是晴天。

习惯型愤怒的人是惯常的悲观主义者，这一点必须改变。悲观主义让习惯型愤怒的人找到各种理由发怒并保持愤怒。

马丁·塞利格曼（Martin Seligman）是一位受人尊敬的研究者，他对乐观主义者和悲观主义者进行了深入的研究，发现乐观主义者有 3 个主要特质。首先，他们相信好事会持续，而坏事不会（"持久性"）。其次，乐观主义者相信好事会扩散，而坏事不会（"遍及性"）。最后，塞利格曼发现，对于好事的发生，乐观主义者会比悲观主义者更多地归因于自身（"个人化"）。例如，乐观主义者认为她刚刚获得的晋升会持续下去，会带来更多的进步，这是她自己努力的结果；而悲观主义者可能会认为，同样的晋升只是暂时的，不会带来任何好处，这次只是运气好而已。

习惯型愤怒的悲观主义者是消极的炼金术士，他们是化金为铅的高手。他们接受别人的赞美，然后发现其中的问题。"哦，当然，你说你爱我，但那不会长久的，你会像上一个情人一样抛弃我。"然后，他们就会对这个在他们看来卑鄙龌龊的世界感到愤怒。

练习：下面这个练习可以帮助你改变消极思考的习惯。

拿一张纸，把它横过来。在上面画出相等的3栏，并分别写上以下标题：

积极的可能性　中性的可能性　消极的可能性

现在从你生活中明显的例子开始。例如，你的伴侣留言说她晚餐要迟到了，你的任务是写下对这条信息的3种可能的反应，示例如下。

- 积极：她留言告诉我发生了什么，想得真周到。
- 中性：这就是一条信息，没有好坏之分。
- 消极：她不按时回家，是对我无礼、刻薄。

例如，你的老板要你加班。

- 积极：很好，我有额外的钱可以用了，感谢加班费。
- 中性：有好有坏。钱多了，做其他事的时间少了。
- 消极：为什么是我加班？他要我工作更久，是在欺负我。

你最好学会填写积极的那一栏，否则，你会把好事变成中性的，甚至消极的事；你也只会看到身边的坏事，而这只会让你更加愤怒。

你至少要学会填写中性的那一栏。尽管更好的做法是直接填写积极的那一栏，这意味着选择从积极的方面进行回应。既然你的伴侣这么体贴地告知你，那就谢谢她，告诉她，你很感激她抽时间留言给你。当你加班的时候——如果你选择加班的话——就好好想想如何使用这笔加班费。

这个练习在你看来很愚蠢、很无聊、很傻吗？这可能意味着你正是最需要这样做的人。你内心愤怒的悲观主义在试图阻止你改变，不要让它得逞。

练习，练习，练习

我们把保持积极的想象和学习不那么愤怒地思考视为日常的训练。每一天，你必须以新的视角来看待自己、身边的人和整个世界，否则愤怒的习惯就会卷土重来。这就像在一棵病树上嫁接一根健康的新枝，你最终会得到更好的果实，但你必须在一段时间内给予这棵树额外的照顾和关注。

做好有时会失败的准备。当然，你偶尔也会忘记。你会不假思索地发怒，愤怒的习惯会悄然而至并占据你的身体，但请你坚持练习。更积极地思考，更冷静地行动，这样你会逐渐控制愤怒的习惯。嫁接的新枝会发芽，你的新树将会枝繁叶茂。

第九章　恐惧型愤怒

表达方式： 疑神疑鬼，不信任别人，十分偏执，总试图寻找别人伤害自己的证据。

请思考一个问题：我们居住的世界有多安全？

恐惧型愤怒的人会回答：这个世界一点都不安全，你必须非常小心，不要相信任何人，人们会撒谎、欺骗和偷窃，他们会试图抢走你的钱财，他们会勾引你的男朋友或女朋友，他们甚至会攻击你，所以要时刻准备保护自己，不要放松警惕。

恐惧与愤怒是两种相互交织的情绪。它们都是人类生存所必需的，都会迅速通过大脑中一个叫作杏仁核的部位，而杏仁核是大脑快速反应中心的一部分。恐惧和愤怒都以闪电般的速度对可能发生的危险做出反应，这种反应部分是无意识的。当然，这两者也有区别。当威胁来临时，恐惧会发出"我们快离开这里吧"的信息，而愤怒发出的信息是"该死，不，我们要留下来战斗"。战斗或逃跑，取决于在选择的那一刻哪种情绪更为强烈。

但生活是复杂的，有时人们的反应不是"战或逃"，而是"边战边逃"。这时，人们会产生防御性愤怒，因恐惧而剑拔弩张。想象一群被敌人包围的士兵，他们拼命地奔跑，试图突围到安全地带，但每隔几秒就会停下来，转身向敌人开火。

有些人感觉自己生活在一个不断被敌人包围的世界里，但在战争中，你至少能认出敌人。如果你见到的每个人一开始都表现得很友好，后来却背叛了你，该怎么办？如果在你成长的过程中，你最需要信任的许多人最终是不可靠的，甚至是危险的，你该怎么办？于是，问题就变成了："那么，我能相信谁呢？"很不幸，答案是："谁也不能相信。"结果就是人们时刻保持警惕状态，他们甚至不信任自己的爱人、伴侣和朋友。他们产生了基于恐惧的愤怒，随时准备"反击"那些他们认为会袭来的攻击。

不信任是恐惧型愤怒者的特征。对别人的不信任会让他们寻找别人反对自己的证据。然后，恐惧和愤怒合而为一，他们就会发动攻击。

每个人都可能感受过恐惧型愤怒。例如，一个女人发现她的丈夫一直在网上浏览色情内容。她质问他，他承认了，并保证会停止他的行为，但在接下来的几周甚至几个月里，她仍然对他感到怀疑、害怕和烦躁。她的丈夫希望她不要动不动就指责他，她也想就此罢休，但恐惧和愤怒一旦被触发，就不会很快消失。

不幸的是，有些人的恐惧型愤怒变成了一种习惯模式。他们变得疑神疑鬼，不信任别人。他们会毫无根据地认为别人试图伤害他们。当然，我们不建议你盲目地相信别人，但大多数男男女女都很擅长分辨谁是可以信赖的人。他们会根据对方的行为做出决定。他们信任那些值得信任的人。他们不信任那些不诚实、不负责任、危险和疏远他们的人。

恐惧型愤怒的人的世界与众不同。没有人值得他们信任，不管那些人曾经多么可靠。要赢得这种人的信任很困难。很早之前，他们就认定这个世界充满了敌人。现在，他们不断地寻找证明自己正确的证据。如果他们把自己的疑心当作探水仪器，那他们每次都能找到水。

我们用"偏执"这个词来指代人们过度怀疑别人动机和行为的所有情况，但偏执也是一种愤怒类型。这意味着偏执是一种习惯性的处世方式。

可能每个人都有点偏执。这种基本的怀疑有助于保护人们不被利用和伤害。"不会因为你偏执就没有人跟踪你了"，这个古老的笑话自然有一定的道理。适度的偏执能够帮助你生存——现在多一点怀疑，好过将来追悔莫及。

不过，有些人的怀疑超过了应有的限度。一些人的怀疑如滔滔江水连绵不绝。他们总是"等待另一只鞋子掉下来"。他们与别人相处融洽，但在他们的友善之下却隐藏着一层顾虑。他们从来都不确定自己能否完全放松警惕。他们会告诉你过去的伤口还没有完全愈合。他们想要信任别人，但是……

还有一些人的怀疑如洪水决堤。他们从不相信别人，认定没有人可以信任。他们深信别人会背叛、抛弃、忽视、伤害和虐待他们，只是时间早晚的问题。

充满怀疑的人和完全不信任别人的人，这两类人都会产生偏执倾向的愤怒。

既恐惧又愤怒的偏执者

有强烈偏执倾向的人在愤怒时可能会表现得格外尖锐、刻薄和不理智。一个叫玛西的女人可能会尖叫道："我恨你，你坏透了，你就像你妈妈一样！"她很清楚这对她的伴侣比利来说是最伤人的指责。况且，最近表现得像他妈妈的不是比利，而是玛西自己。那么，这到底是怎么回事呢？答案是，玛西和许多恐惧型愤怒的人一样，经常把自己愤怒的想法转移到别人身上，这个过程的专业名称是"投射"。

当一个人把自己难以接受的部分，比如攻击性冲动，转移到别人身上时，投射就发生了。那么，玛西确信比利想要伤害她的原因之一，就是她投射了自己想要攻击他的欲望。正如我们很快就要看到的，她会觉得自己是一个无辜的受害者，只是因为其他人"都很讨厌"而生气。

偏执型愤怒是一种长期性的愤怒，也是一种掩盖性的愤怒。说它是长期性的，是因为偏执者总是处于防御状态，总是既恐惧又愤怒。说它是掩盖性的，是因为偏执者把自己的愤怒和攻击性与别人的混为一谈。他们的恐惧和对别人的不信任使其认为他们只是在保护自己免受攻击。然而，别人只看到一个无缘无故发动攻击的人。偏执者却认为别人总是对他们生气，而他们只是无辜的受害者。

这是你戴上"偏执者面具"的方法——坚信有人想要伤害你。你感到害怕，但也变得非常愤怒，因为那个人竟然要伤害你。你愤怒至极，想要报复他们。

但是不行，你不能这样做。你不应该生气，这是不被接受的，你可能会受到惩罚，攻击是不被允许的。再说，你不应该有那些不好的想法。把它们从你的大脑里抹去！别再幻想伤害别人了。攻击性的想法和攻击行为一样糟糕。你会受到惩罚的，你会下地狱的，你生气的时候应该感到非常内疚。

现在怎么办？你很生气，但你不能攻击别人。你很不满，但你不能有愤怒的念头。你太恼火了，无法像回避型愤怒的人一样隐藏自己的愤怒。你太气愤了，没办法像隐匿型愤怒的人一样什么都不做。这些愤怒该何去何从？

为什么不把它扔给别人？就像扔烫手山芋一样，把你的愤怒扔给别人。把它扔出去，让别人接住。让他们生你的气，而不是你生他们的气。

偏执者就是这么戴上面具的。他们把自己的愤怒转移给别人，把自己的愤怒向外投射。投射意味着在别人身上看到一些特征，比如愤怒，而它们其实属于你。但他们不会投射自己的恐惧。恐惧会使他们更加警惕、怀疑并随时准备战斗。

偏执者会从别人的表情、语言和行动中发现自己的愤怒。

举个例子。几周前，弗雷德失去了升职的机会，而汉克得到了那个职位。弗雷德生气了吗？肯定生气。他意识到自己的愤怒了吗？没有。他反而认为汉克在生他的气。"天哪，汉克非常生气。

为什么？他看起来要把我大卸八块。"虽然弗雷德自己很想揍汉克一顿，但他所感知的却恰恰相反。

弗雷德的恐惧常常显得不现实、不合理。汉克在别人眼里完全没有愤怒，他看起来非常正常。事实上，偏执者已经把他的愤怒转移了出去。弗雷德没有意识到，自己实际上是在照镜子。弗雷德在汉克身上看到了自己的愤怒，他认为汉克是个危险人物。

更惊人的事出现了。弗雷德，这个偏执者，真的认为自己受到了汉克的威胁。他觉得自己是个无辜的受害者。在弗雷德看来，他没有做任何事去惹恼汉克，但如果他不尽快采取行动，汉克就可能会伤害他。

弗雷德认为他有权保护自己，于是他这么做了。他走过去，告诉汉克他知道汉克在干什么，汉克最好马上停止，否则走着瞧！弗雷德认为他这是在保护自己，在某种程度上确实如此。他在抵御自己在汉克身上看到的愤怒，但这种愤怒实际上是他自己的。弗雷德最终以这种方式让自己的攻击名正言顺。

让我们总结一下一个人是如何戴上"偏执者面具"的。偏执者无法接受自己对别人的攻击欲。他们将自己的愤怒投射出去，认定是别人在生他们的气。然后，他们会保护自己免受对方愤怒的伤害。他们变得多疑、充满防御性和敌意。但他们并不感到内疚，因为他们认为他们只是在保护自己。

偏执心理虽然很复杂，但它可以归结为：只有在感到自己被别人无端攻击时，偏执者才能接纳自己的愤怒，然后他们就可以毫无愧疚地进行反击。

贪婪、内疚和警戒

"我想要一切！"

贪婪的人想要眼前的一切。他们凶狠、愤怒，就像一只饥饿的恶狗，咆哮着，把其他抢食的狗都赶走。贪婪的人永远不会满足，他们总是想要更多。

贪婪的人想要的太多。他们狼吞虎咽，抢夺不属于自己的东西。贪婪不是一种良好的感觉，如果不加以控制，它会摧毁别人对我们的信任。谁愿意相信整天都在伺机袭击你并偷走属于你的东西的人？

多数人的内心都暗藏着贪婪，但他们学会了控制自己的冲动。他们很快意识到，如果他们要求太多，别人就会进行反击，只有把好东西拿出来分享才能让人放心。然而，有时贪婪也会悄悄流露出来，比如当富有的父母去世时，孩子们会争夺遗产。

内疚是人们约束贪婪的另一个原因。当人们想要的太多，尤其是想要拿走属于别人的东西时，他们会感到内疚。偏执者不断地与有关贪婪的负罪感进行斗争。为了不感到内疚，他们试图把自己的贪婪全部投射给别人，就像他们对待自己的愤怒一样。偏执型愤怒的人确信，别人想夺走对他们很重要的东西。他们的财产，他们的工作，他们的伴侣，他们的孩子，他们的生活——没有一个是安全的。当然，他们自己从不贪婪，贪婪的是那些不值得信任的人。

偏执者总是保持警惕，就像被围困的士兵，他们从不休息、从不放松。相反，他们会仔细观察周围的人，随时准备战斗。"站住，你是谁？"他们努力寻找任何贪婪、愤怒、危险的迹象。他们怀疑每个人。他们会寻找证据，尽管别人不以为然。"看她那讨厌的表情！她刚刚皱眉了。难道你什么都没看见？我很肯定她在生我的气。她一定生气了，因为我买了一辆新车。"

偏执者无中生有地看出他人的贪婪，这已经够糟糕的了。可悲的是，他们还认为别人是在针对自己。这些处于警戒状态的人很危险，他们以自卫为由，想打倒所有人。他们认为自己是受害者，而不是攻击者。他们攻击对方的动机、目标和个性，并试图让每个人都同情他们。有时他们会成功，接着所有人都会攻击那个人。更常见的情况是，人们开始躲避偏执者。谁愿意和一个坚信全世界都在密谋对付他的人在一起？

实用练习

如果你有偏执倾向的愤怒，那么你面临的问题是，你会无意识地对别人发怒。投射愤怒、保留恐惧是很好的面具——好到有时你甚至不知道自己戴着它！你可能会一点就炸，以证明"他们不能这样对我"，但这只是搬起石头砸自己的脚。你的冲动和过激的愤怒会毁掉你的信誉。别人会不再信任你，真的对你很生气，认为你很危险且不可理喻。

下面这些实用的方法，可以帮助你避免偏执型愤怒可能造成的伤害。找一个小盒子，比如火柴盒，在里面放一张自己光脚的照片，穿鞋子的照片也行，穿的是你的鞋子就行。把它放在口袋里。每当你发现自己在想"他们真的在针对我"（或你最喜欢的其他想法），把盒子从口袋里拿出来，打开它，看看照片。要意识到，如果你因为这个想法采取任何突然的行动，你就可能会"搬起石头砸自己的脚"。事实上，你需要停止这样的想法，花几分钟时间冷静下来，重新集中注意力。

嫉妒：偏执的特殊类型

嫉妒是一种复杂的情绪，愤怒通常是其主要成分，但其中也包含恐惧、悲伤、羞耻和其他情绪。在这里，我们将着重探讨嫉妒与偏执、愤怒之间的联系。

嫉妒：希望你的牛奶坏掉

当别人拥有你想要的东西时，你就容易心生嫉妒，感到痛苦。任何令人向往的东西，比如珠宝、名声、金钱，或者某人的爱与尊重，都可能会引发嫉妒。

嫉妒的人想得到不属于他们的东西。如果他们不能拥有它，就会希望已经拥有它的人遭受痛苦或失去它。确实如此，一位年轻女子认为，她的邻居有一瓶甜牛奶，而她没有，这真糟糕。"哦，好吧，"她说，"我就祈祷那瓶牛奶坏掉吧。"

很多人喜欢听到体育明星、政治家和演员的负面新闻，嫉妒恐怕是原因之一。"哦，看到这些名人跌落神坛是多么令人欢喜啊。"如果你不能拥有他们所拥有的，至少可以为他们的快速败落而欢呼。

嫉妒会带来刻薄和一种特殊的愤怒。它让人们想要攻击并摧毁别人身上的优点。嫉妒者把别人的成功看作自己失败的标志。

偏执者常常认为每个人都嫉妒自己。实际上呢？是偏执者在嫉妒别人。他们想要攻击、破坏和偷窃，但是他们却指责别人想对他们这么做。

嫉妒往往表现在许多卑劣的小事上。以下是一些愤怒、嫉妒的表现：在背后贬低别人；取笑别人，使他们失去信心；挑剔别人拥有的好东西；侮辱你所嫉妒的人——比如，骂慷慨的人"傻大款"，骂善于理财的人"吝啬鬼"；认为别人拥有的是你应得的；因为嫉妒而冷落没有伤害过你的人；给你所嫉妒的人出坏主意，让他们看起来比你更糟糕；从你所嫉妒的人那里偷东西（无论它是实物还是快乐或幸福的心态）。

练习：写下上一段中你做过的嫉妒行为，不要找任何借口解释为什么要这样做，这些行为就是不对的。问问自己，你是怎么学会它们的，你在生活中真正想要的是什么。努力改变这些行为，一次改变一个，最终在尊重自己和他人的情况下，获得你想要的东西。

嫉妒、不安全感、占有欲和偏执

当人们感到嫉妒时，也许是一个最佳时机——可以观察恐惧和愤怒是如何相互作用而导致产生"战和逃"反应的。这时，他们会确信有人试图夺走他们的伴侣，或者他们的伴侣想要欺骗他们。他们同时感到恐惧和愤怒。嫉妒使人们说蠢话、做蠢事，甚至与伴侣"同归于尽"。

下面谈谈嫉妒是如何运作的。当你认为别人想夺走属于你的东西时，你就会感到嫉妒。这里我们将集中讨论因爱生妒，但你也可能会死守着任何东西——用水权、停车位、金钱或工作职权。在每种情况下，你最主要的想法都是有人觊觎你拥有的东西。当然，有时你是对的。但当嫉妒发展成一种愤怒类型时，你就会变得偏执——你会感觉敌人无处不在。

因爱生妒与其说是爱的表现，不如说是不安全感和占有欲在作祟。有这种偏执倾向的人总怀疑有人试图夺其所爱。他们就会拼命维护这段关系。

以苏为例。当泰德看别的女人时，苏就会紧张。当他和她们单独交谈时，她就会抓狂。她想知道他为什么这么做，并指责他想出轨。她要求泰德对天发誓，但当他发誓时，她反而更生气了。"哦，当然，你会说你很忠诚，"她哭着说，"但我根本不相信你。"

苏很绝望。因为她很恐惧，她试图控制泰德的行为，甚至他的想法。她把爱和占有混为一谈。她紧紧抓住泰德，好像他是大海上的一只救生筏。然而，她抓得越紧，就越害怕他会溜走。

并非所有的嫉妒都是坏事。有点嫉妒很正常，它告诉伴侣双方，对方是重要的。想要看管好自己所珍爱的人很正常，但嫉妒也可能是关系出现问题的信号。也许泰德并没有外遇，他只是太专注于工作而忽略了苏。嫉妒是警示危险的警钟，但有时警钟会无缘无故地响个不停。然后，嫉妒就会带来麻烦。

太多的嫉妒会破坏人际关系，它取代了真正的亲密。一段时间后，几乎每次谈话都会回到同样的套路："你在哪里？你在做什么？和谁在一起？"

嫉妒也很危险。喜欢嫉妒的人有种强烈的背叛感和绝望感。那些原本很善良的人可能会出于嫉妒做出过激行为。

极端的因爱生妒，有时被称为非理性的嫉妒或疯狂的嫉妒，它会有以下特征。

- 它会永远持续下去。再多的解释和安慰也无济于事。
- 它很激烈。你会变得更情绪化、更烦躁，实际上不必如此。
- 它是强迫性的。你无法思考其他事情，你被嫉妒吞噬了，你能做的只有担心。
- 它很偏执。怀疑、指责、不信任困扰着你。你翻遍他的口袋寻找出轨的"证据"，你跟踪她"想看看她要去哪里"，你偷听对方打电话。你确信一定有什么事发生，一定有蹊跷。

还要记住，偏执者会投射"坏"的感觉和欲望，比如愤怒和贪婪。为什么不把性欲也投射出去呢？嫉妒心强的人常常会隐藏自己的性冲动。他们不想承认自己的目光和心思都在别人的伴侣身上，这让人太有负罪感了，所以他们认为所有人都对别人充满了性欲。其他人，不管是谁，都想勾引别人，但不包括他们自己。嫉妒者认为自己是无辜的。"我没有邪恶的性幻想，"有强烈嫉妒心的人说，"有这些念头的人是你，你，还有你……"

练习：以下是方便记忆的字母卡片，可以帮助你发现嫉妒的征兆。查看每个字母，看看每个特征与你的情况的相符程度。

J = Judgmental（爱批判人的）

E = Eagle-eyed（目光敏锐的）

A = Angry（愤怒的）

L = Lonely（孤独的）

O = Over-sensitive（过分敏感的）

U = Unforgiving（心胸狭窄的）

S = Scared（恐惧的）

把这些字母和单词写在一张卡片上，放在口袋里。它可以帮助你及早识别嫉妒发作的迹象，然后找到比发脾气更健康的事来做。用它来帮助你控制嫉妒心，直到连续几次成功阻止嫉妒发作为止。

减少猜疑的 3 种方法

恐惧型愤怒源于一种混乱的思维方式。要想改变，你就必须学会以不同的方式思考。这意味着你要学习减少猜疑。你必须练习改变自己的想法，否则你很快就会重拾旧习惯。

基本上，你需要做 3 件事。首先，开始认识并接受你的愤怒，不要再玩"无辜受害者"的游戏了。其次，要处理你的贪婪和嫉妒。最后，你需要开始学会信任别人，这意味着要挑战一些非常陈旧的思维方式。

认识并接受你的愤怒

如果你是偏执者并想要改变，你必须从这个承诺开始：每当我认为有人生我的气时，我都会假设是我在生他们的气。

当然，有时候他们确实会生你的气，但他们有责任直接告诉你。如果他们生你的气却什么也不说，事情就难办了。

你一直在把你的愤怒投射给别人，现在是时候收回它了。你必须意识到你有很多怒气。有时候你想要伤害别人，甚至想摧毁他们。你和很多人一样，会有肮脏的想法。

接受它。是的，我也是人。是的，我很恼火。是的，我想要攻击人。是的，我有仇恨、欲望和愤怒。是的，我很生气。

你会有很多负罪感。你一直在通过隐藏你的愤怒来逃避负罪感，但请记住：你有不好的想法并不意味着你伤害了任何人，想法不是行动。否认自己的愤怒比承认自己的愤怒更有可能伤害别人。你必须接受自己愤怒的想法，这样你才不会变成偏执者。

我们建议你准备一个记录偏执的笔记本，写下你认为谁在生你的气，以及为什么。不过，关于别人就记录这么多。马上问问自己，你为什么生他们的气。

举个例子。"亨利在生我的气。我从他的眼神里看出来了，他一定很生气，因为我长得比他帅。"这就是你的偏执思维过程。

不过，不要止步于此，你必须挑战你思考和做事的方式。

"不，不是这样的，我才是生气的那个人。几个月来我一直很烦恼，因为亨利在和琼约会。我想要和琼在一起，但他们却走到一起了。我讨厌女人都围着他转。"

在你面对自己的偏执之前，永远不要结束记录。只有这样，你才能改变自己的思维。

处理你的贪婪和嫉妒

你确信别人想要的太多，他们想毁掉属于你的东西，更不愿分享他们拥有的东西。你认为别人满怀贪婪和嫉妒。

这些想法有些许道理。当然，有些人在某些时候是贪婪的，有些人有时充满了嫉妒。如果你是个偏执者，你可能很擅长发现这些情况。偶尔的贪婪和嫉妒是人性的一部分——也许不是最好的部分，这一点无可否认。偏执的问题在于，你会夸大别人的贪婪和嫉妒，这是因为你把自己的情绪投射了出去。

我们来面对真相吧。你必须看清自己的本来面目：一个有时候有些贪婪、嫉妒，甚至充满欲望的人。

也许你担心面对这个事实就会成为一个罪人，但是承认并接纳自己愤怒和贪婪的想法并不会使你成为罪人。记住，这些想法一直在那里。因为你无法接受它们，你就试图把它们投射给别人。现在，无论你的欲望是否正当，你都需要把它们和别人的欲望分开。这可以帮助你变得更加诚实、公平和善良。

每当你认为别人表现出贪婪和嫉妒的时候，问问自己这些问题：我对什么想要的太多？我想毁掉别人的什么东西？我想拿走别人的什么东西？

仔细思考这些想法。你可以把这些想法记在脑子里，也可以把它们写在你的偏执笔记本上。这是你的私人日记，所以你要完全诚实地记录，包括你的欲望，那些你投射出去的欲望。

有时，你认为别人想对你做的事，就是你想对他们做的事。面对现实，你的情况会有所改善；否认它，你就会一直痛苦下去。

学会信任别人

本章开头描述了偏执者如何不信任任何人。现在我们很清楚这是怎么回事了。他们如此不信任别人，是因为他们把所有的愤怒、贪婪和欲望都投射给了别人。此外，他们非常害怕别人会攻击他们。"我是无辜的，我很脆弱，"偏执者说，"而你刻薄、恶毒，你想伤害我。"

这样想是不对的，别人不是来伤害你的。比起整天想着如何毁掉你的生活，他们还有很多更重要的事情要做。

你可以学习更加信任别人。当然，你必须停止扮演受害者的角色。你必须接受你的愤怒是自己的，而不是他们的。

大多数人都是根据证据来决定是否信任别人的。他们通常会相信一个人，除非这个人不靠谱。如果有人欺骗了他们，他们会反击或迅速离开。这就是我们所要求的，让证据说话。

然而，如果你是偏执者，那么调查事实可能都是个问题。你可能不善于判断证据的真伪。你可能太急于证明别人是坏人。你只会寻找负面的暗示和线索。你会忽略积极的情况。你变得非常擅长从整箱苹果里找到一个坏苹果，然后，断言整箱苹果都烂掉了。

以下是我们的建议。至少找两个不偏执的人，请他们帮助你学习如何信任他人。当你开始怀疑、防御或嫉妒时，在你完全确信自己再次成为受害者之前，立即给他们打电话。告诉他们你看到或听到了什么，让他们仔细审查你的"证据"，这些证据往往是模棱两可的。让他们问问你，对于你认为你所看到或听到的，是否有其他的解释。也许他们可以帮助你从不同的角度看问题。不要忘记检查你自己的愤怒和攻击性。

他们的工作不是说服你摆脱偏执，他们只能帮助你换个角度看问题。

然后就看你自己的了。你可以继续相信这里面有阴谋。谁知道呢？也许这次你是对的，但请记住：你是那个有问题的人，你是那个偏执者。除非有确凿的证据证明有人要伤害你，否则你最好放弃指控。

最终，你将不再需要朋友的帮助。但你现在还需要，因为你对世界的看法是扭曲的。

以下几句话可以帮助你更加信任别人。

- 没有人会花费所有时间来想办法伤害我。
- 我可以选择信任别人。
- 相信别人是无辜的。
- 今天我不会把任何感受投射给别人。
- 我接受我的愤怒、贪婪和欲望，它们是我的一部分。
- 我不需要保护自己，因为没有人攻击我。

你必须实践这些语录，而不仅是嘴上说说。你可以试试这样做：把这 6 句话（你可能还想增加几句）写在不同的纸条上，把它们放在一个碗里，每天早晨从碗里抽出一张纸条，对它进行思考，然后用一天的时间来实践它，晚上再问问自己做得怎么样。一定要把纸条放回碗里，这样第二天你可能会再抽到它。

在你的世界里创造安全感

恐惧型愤怒的人在生活中惶惶不可终日。有时候，这是因为他们所处的世界确实不安全。例如，如果你身边的人经常威胁或攻击你，那么你的世界就不安全。你能为自己做的最好的事也许就是远离危险。

然而，有偏执倾向的人倾向于夸大他们所处的世界中的危险。在没有威胁的情况下，他们也会感觉自己处于危险之中。如果你在这一章中看到了很多自己的影子，那么是时候认真地改变你看待世界的方式了。如果你经常使用上文提到的那几句话，肯定会有所帮助，但也许你需要更多的帮助。如果是这样，请考虑找治疗师谈谈，他们可以帮助你挑战基于恐惧的非理性信念。此外，有些人会受益于某些种类的抗精神疾病药物，这类药物可以帮助他们区分真实的威胁和想象的威胁。

第十章　道德型愤怒

表达方式：当价值观或信仰受到威胁时，就会产生道德型愤怒。

你愿意为什么而死？你愿意为了从火中救出你的孩子而牺牲自己吗？或者你愿意为拯救邻居的孩子而死吗？你是否愿意为某项事业而死？

你愿意为什么而失去工作？你愿意揭发危害公众利益的廉价建筑吗？你愿意冒着丢工作的风险去质问对你实施性骚扰的老板吗？你愿意为了抗议不道德的雇佣或解雇行为而辞职吗？

你愿意为什么而战？你愿意为了捍卫你的荣誉而打架吗？如果你愿意，是为了什么？

这些都是道德型愤怒的例子。当人们的价值观或信仰受到威胁时，就会产生道德型愤怒。

道德型愤怒还有其他名字，一个是愤慨，另一个是义愤。当某人犯下可怕的罪行时，比如杀害儿童，就会引起人们的愤慨。人们因罪犯感到震惊、恐慌和愤怒。义愤是对不公正事件的反应。道德型愤怒的人为真理、正义和公平而战，至少在他们看来是这样。但他们通常被别人认为是好管闲事的人。

道德型愤怒有很大的价值，以下是一个例子。

罗恩曾经在一家脑卒中康复中心工作。每周，工作人员都要开会决定谁留院，谁出院，送谁到疗养院接受长期护理，因为他们的病情没有好转，这里的床位需要留给康复机会更大的人。

卡洛塔要被送去疗养院了。她来这里已经一周了，她对医生和治疗师的治疗都没什么反应。她是个好人，她的家人都爱她，但是康复中心非常需要那张床位。

这时，卡洛塔的语言治疗师艾伦生气了。"你们怎么能这样对她？她才来了一周。我们得多给她一些时间！"艾伦说话时浑身发抖。她通常不会这样做，她不是道德斗士，但她觉得自己必须表明立场，即使其他人不同意。

艾伦强烈地表达了她的观点。医生心软了，又给了卡洛塔一周的时间。果然，第二天，卡洛塔开始握她女儿的手了。到这周结束时，她能说几句话了。3个月后，卡洛塔出院，回到了她女儿家。

这是关于道德型愤怒的力量的一个小例子。在更大的领域内，它可以引发社会变革、宗教运动和政治动荡。

然而，太多的道德型愤怒是危险的，而且它可能成为一种习惯，一种生活方式。

道德型愤怒的多面性

当然，死于道德型愤怒的人比死于其他愤怒类型的人加起来还要多。愤怒的丈夫攻击他不忠的妻子。哈特菲尔德家族和麦考伊家族为了给上一个死于世仇的人报仇而互相射击。

道德型愤怒是危险的，因为它把愤怒与道德结合在一起。道德型愤怒的人会想："我对你很生气，我比你优越，因此我可以攻击你、摧毁你。"

当你把自己包裹在道德优越感的温暖长袍里时，你会认为你所做的一切在道德上都是正确的。你开始认为上帝站在你这边。你认为自己是善良的、纯洁的、圣洁的、骄傲的，其他人则是糟糕的、邪恶的、有罪的、卑鄙的。这就是你攻击他们，甚至摧毁他们的理由。你伤害了别人，却觉得理所当然。你攻击别人而不感到愧疚，因为你认定他们是坏人。

大多数人本能地感觉到道德型愤怒很危险。他们小心翼翼地穿上那件正义的长袍，他们觉得穿上比脱下要容易得多。大多数情况下，他们只想与别人和平共处，他们只在非常严肃的场合才会产生道德型愤怒。

有些人沉浸在道德型愤怒中无法自拔。他们喜欢穿着正义的长袍。这件衣服似乎很合身，他们都舍不得脱下。他们喜欢它的颜色、触感和风格。他们认为道德型愤怒很适合自己，所以他们不断地产生这种愤怒。他们认为自己在道德上高人一等。少数人真的相信他们与上帝有特殊的契约。在他们看来，他们的职责就是为正义而战。他们常常给别人留下道貌岸然和总是在炫耀自己的圣洁的印象。

另一些人则比较含蓄，但同样深陷道德型愤怒中。我们经常听到他们这样说："你怎么能这么想？""你竟敢质疑我的权威？""我好可怜你。"他们似乎总是轻视别人，好像只有他们才知道正确的道路。他们目中无人，认为别人的观点不值得一提。他们传递的信息是：他们就是比别人优越。

当道德型愤怒成为一种生活态度时，它就成了一个严重的问题。这种愤怒类型的人会寻找让自己生气的事情，然后，当他们找到了某件事情，就会以正义之名要求其他人服从。道德型愤怒的人不会试图用事实来说服别人。相反，他们希望别人意识到他们是多么正义。"服从我，因为我可以听见上帝说的话"很容易变成"服从我，因为我就是上帝"。

道德型愤怒的策略

道德型愤怒主要由两个部分组成。第一个部分是道德优越感，表现为"我比任何人都要优越，我知道什么是对的，什么是错的，我总是站在对的一边"。具有道德优越感的人认为他们的价值观就是真理，而其他人的价值观都是谎言。他们自以为是地认为自己比别人强。

有些道德优越者非常含蓄。他们从不夸耀自己的崇高。相反，他们告诉别人，自己对这些人有多失望。他们暗示别人还不够好。

他们扬起眉毛，而不是挥舞拳头，但传递的信息是一样的："我知道真相，我的看法是正确的，你比不上我。"

道德型愤怒的第二个部分是用道德武器进行战斗。这种愤怒类型的人把他们的价值观当作棍棒，并用这些价值观来打倒别人。

"你是个懒鬼，就是这样。是我把这里收拾得井井有条。要不是我，你就住在猪圈里了。"

"我很理智，而你是疯子，所以孩子们应该听我的。"

"我有艺术天赋，而你只会死记硬背。我为你感到难过。"

"你又胖又丑又笨，所以闭嘴吧，照我说的做。"

注意他们说话时轻蔑的语气，他们鼻孔朝天，传递的信息是"我比你强"，他们的武器是道德型愤怒。

道德型愤怒的人会在战斗中迅速表现出道德上的优越感。他们把道德作为一种策略，目的是让别人感到自卑。这是一种赢得战斗并让人们按他们的意愿行事的方法。

道德优越感的测试

现在，你可能想知道自己是否有道德优越感和道德型愤怒的问题。这里有个方法可以找到答案。你需要另外一个人和你一起做这个练习，所以请你的朋友或家人来帮忙。你还需要两把椅子。

你们先面对面坐着，放松一下，谈论一些没有争议的话题，比如天气。

现在你站在你的椅子上，让你的伙伴坐在地板上。你俯视对方，告诉他你站在上面的感受。

你可能会感觉很棒。"嘿，我喜欢站在上面，我感觉一切尽在掌握，充满力量。""我在这里感觉很自然，我属于这座山的顶峰。"或者你可能根本不喜欢这种感觉。"这太恶心了，我讨厌这样，我觉得不自在，浑身发抖。"不过，要诚实地表达自己的感受。你可能会觉得你很喜欢站在上面，但那是不合适的、不道德的，所以你不能这样说（至少不能让任何人知道）。要诚实地说，不要修饰，不要说你认为该说的话，如实地说出你的感受，然后让你的伙伴谈谈在地板上抬头看你是什么感觉。

一两分钟后，从椅子上下来。但在那之前，先试试俯视你的伙伴，说出下列句子：

- 我比你强；
- 我比你更清楚什么是对的；
- 我的价值观比你的更优越；
- 我是对的，你是错的。

你对这些说法感觉有多真实？有多熟悉？它们当中有你的"老朋友"吗？它们对你来说是完全陌生的吗？还是两者都有一点？

现在交换一下位置，你坐在地板上，让你的伙伴站在椅子上。再一次分享你的感受和观察。一定要谈论你自己，而不是对方。

下一步，你们都回到椅子上坐好，讨论你们所做的一切，体会双方平等的感觉。

这3个位置都很有价值。例如，了解你想要强大、支配、优越的欲望是很有用的，这就是站在椅子上的意义。但有些时候，坐在地板上也不错，比如当你想从一个好老师那里学到一些东西时。当然，坐在平等的位置上也很重要，这样可以促进经验分享和团队协作。

问问自己这些问题：我在每个位置上有多舒服？某个位置比其他的位置更有吸引力吗？我害怕这3个位置中的任何一个吗？你的答案会帮助你明白自己需要在哪里成长。

如果你觉得站在椅子上的感觉非常熟悉，那么你可能有道德优越感的问题。

现在想象一下你正在生某人的气。你会不自觉地"爬到椅子上"吗？你会告诉别人，他们的信仰很糟糕吗？你坚持认为你是对的吗？你会因为别人反对你而感到愤怒吗？如果是这样，那么你就站在了道德优越感的立场上，你有道德型愤怒的问题。

经常"站在椅子上"是不明智的。是的，有时候需要表明立场，但要谨防在非道德问题上采取道德立场。没有必要把简单的分歧变成道德斗争，这就好比说"红色比黄色更好"一样。当然，你可能更喜欢红色而不是黄色，但它们只是颜色而已，没有好坏。

乔想看电影，而梅里尔想看戏剧，他们有不同的喜好。乔不该告诉梅里尔，只有自命不凡的人才去看戏剧。梅里尔也不该告诉乔，只有笨蛋才不喜欢戏剧。每个人都把简单的差异变成了道德之争，都声称自己比对方更优越。乔和梅里尔在为"谁能站在椅子上"而争吵，他们都产生了道德型愤怒。他们最终可能哪里也去不成，因为他们已经不再讨论真正的问题。

那么，你多久会爬上一次那把象征道德优越的椅子呢？你有多少次被困在那里，觉得自己很正义，感到很愤怒，并且骄傲得无法从椅子上下来呢？你想获得帮助吗？

摆脱道德型愤怒的 4 个步骤

现在，我们要把椅子变成梯子，向你展示摆脱道德型愤怒的 4 个步骤：

- 待人谦虚（谦逊）；
- 理解别人（同理心）；
- 灵活处事（灵活性）；
- 要有选择（选择性）。

谦逊

我们在《羞耻感》一书中首次描述了"谦逊原则"。谦逊原则指出，所有人都是平等的——没有谁比谁更好，也没有谁比谁更差。

谦逊意味着尊重每个人内在的尊严。贵格会教徒说："每个人身上都有上帝的一部分。"你得从梯子上往下走一步，才能在每个人身上看到上帝的那一部分。你必须放弃那种助长道德型愤怒的优越感，这意味着你要放弃你认为自己在道德上高人一等的主张。你认为自己在道德上更优越不过是傲慢的表现。我们应该从梯子上下来，而不是爬得更高。

谦逊意味着有意识地接受自己与别人是平等的，既不比别人好，也不比别人坏。但是，仅仅在大多数时候表现得谦逊是不够的，愤怒不能作为例外，也不是突然表现得高高在上的借口。

毫无疑问，你在生气时很难保持谦逊。谁不想用强烈的道德正义来强化自己的论点呢？但请记住，大多数分歧都是关于偏好的，而不是关于道德原则的。

以下是一个挑战。每次当你开始生气时，就暂停下来。花几秒在对方身上寻找上帝的那一部分（或者，如果你愿意，只需寻找对方身上的美德），然后与他们的美和善对话，而不是与他们的丑和恶对话。

你也有很多美和善的部分。你拥有丰富的精神，它使你与其他人平等。也许你需要在自己身上寻找这种精神，就像在别人身上寻找一样，但这种精神很可能不是想要攀爬道德优越感的阶梯。

你可能仍然会对别人生气。你们看待世界的方式和你们想要的东西可能仍然有很大的差异，但现在你们可以平等地对待对方，站在同一高度，在相互尊重的基础上，站稳立场，公平竞争。

同理心

同理心意味着进入另一个人的世界，对别人所说的、所做的和所想的真正感兴趣。有同理心的人愿意通过别人的眼睛看世界，即使别人与自己非常不同。

道德型愤怒的人很难做到对别人感同身受。他们太确信自己知道什么是对的（他们的方式）、什么是错的（其他人的方式）。他们对别人做出某些行为的原因并不好奇，相反，他们会不假思索地进行谴责。

举个例子。米歇尔和鲍勃是一对夫妻。一天，米歇尔告诉鲍勃，她报名参加了一门计算机技术课，鲍勃听了暴跳如雷。"你不需要上那门课，这是浪费钱。再说，你应该多待在家里陪伴孩子。你不是一个好母亲，因为你太自私了。"鲍勃说出了他所能想到的所有道德理由来证明米歇尔花钱不计后果，她很自私，她是个坏妈妈。

鲍勃根本没有想过问米歇尔为什么要上这门课。如果他问了，她就会告诉他，她除了看孩子什么都不做，感觉脑子要生锈了，而上了这门课，她就可以用她学到的东西来拓展孩子们的思维。

然而，鲍勃对这些信息不感兴趣，只是忙着批评米歇尔。他认为自己完全知道什么是对、什么是错。

道德型愤怒和其他类型的愤怒一样，都是关于权力和控制的。鲍勃想让米歇尔感到内疚。内疚是道德型愤怒的人最喜欢的武器。鲍勃希望米歇尔认为她的所作所为和她自己很糟糕，这样她就会按他的要求去做。具有过度道德型愤怒的人必须停止让别人感到内疚。

具有同理心的人充满好奇心。他们想知道别人关心什么。他们倾听而不谴责。他们不会试图让每个人都像他们一样思考。相反，他们欣赏人们各种各样的想法和价值观。

最好的同理心练习就是倾听——积极、认真地倾听，然后询问别人为什么这样做。"乔，你喜欢赛车的哪一点？"（而不是"赛车真是浪费时间。"）"海伦，你为什么选择奶粉喂养？"（而不是"你不应该那样做，对孩子不好。"）"马库斯，你为什么决定成为素食主义者？""马利斯，你为什么从社工转行做会计？"倾听，问一些不带评判性的问题。多听，再问另一个问题。每当你想批评别人的时候，就让自己停下来，别让自己再爬上那把椅子。

灵活性

在罗恩十几岁时，他的父亲迈尔斯娶了一个女人，她与她的儿子拉尔夫断绝了关系。拉尔夫与异教徒结了婚。母子俩已经 5 年没有说过话或见过面了。她对此感觉很难过，但她不肯让步。最后迈尔斯问了她一个问题。"米妮，"他说，"你真的想一辈子再也不见拉尔夫了吗？"答案是否定的。那一年，迈尔斯筹划了一场和解。当然，米妮仍然希望拉尔夫没有跟异教徒结婚，但现在她的儿子回到她身边了。

母子俩恢复联系为什么会这么艰难？米妮怎么会失去儿子这么久？因为她采取了僵化的道德立场，她不接受妥协或谈判，她认为自己别无选择，她被困住了。

道德型愤怒的人擅长把自己逼入绝境，这是因为他们的思维过于僵化，他们认为自己的观点是正确的，其他人的观点都是错误的，他们不接受妥协。

在一些远没有宗教那么严肃的事情上，人们也会变得道德僵化。例如，威尔玛想和全家人一起在她的家里吃感恩节晚餐，就像他们每年所做的那样，但她儿子汤姆的妻子艾莉刚生了孩子。汤姆和艾莉不想带孩子去 161 千米外的威尔玛家。相反，他们建议全家人到他们家一起吃晚餐。

"这是不对的，"威尔玛喊道，"我们总是在我家里过节。感恩节应该在父母家里过，而我是母亲。"

注意"应该"这个词。道德型愤怒的人经常使用这个词：你应该这么做，你不应该那么做。"应该"暗含道德义务，如果你违背了"应该"，你应该感到内疚和糟糕。当人们使用这个词时，就表明他们正在利用道德型愤怒来达到自己的目的。

威尔玛是不会让步的。她是对的，到此为止。他们是错的。如果他们不来她家，今年就不会有家庭聚会了。威尔玛很固执。她不能或不愿适应新的情境。威尔玛不会修改她的计划或行动来适应当前的现实。

有太多道德型愤怒的人需要一些灵活性。毕竟，不管你愿不愿意，世界都在不断变化。这句话很有帮助："我相信我的看法，但我愿意协商或妥协。"例如，威尔玛认为感恩节应该在父母家里度过，不过她至少可以和汤姆与艾莉谈谈，也许今年她可以去他们家过，明年再回她家过。

如果你发现自己对别人不够灵活，那么你可能对自己也是如此。大多数对别人苛刻的人也会对自己苛刻。请尝试下面的练习。

1. 列出你认为你应该做的所有事情。

2. 现在，把清单上的"应该"改成"可以"。

3. 用两种方式从头到尾阅读一遍你的清单。首先说："我今天应该打扫地板。""我今天应该打那个电话。"然后说："我今天可以打扫地板。""我今天可以打那个电话。"注意这两种方式带来的感觉上的不同，让自己听一听"可以"的句子，然后选择今天是否要做那件事情。

4.现在列出你认为其他人应该做的事情。再把这份清单也变成"可以"的清单。今天，把选择权留给其他人。无论怎样，这确实是他们的权利。

道德型愤怒的人认为，如果他们相信某件事，他们就不能妥协，这也许偶尔是对的。人们有时必须表明自己的立场，但重要的是不要固执己见。谈判和妥协是生活的一部分。灵活一点，对自己和别人不要太苛刻，这会增强你的自尊，改善你的人际关系，会让你惊讶地发现你促成了很多好事。

选择性

在老电视剧《赌侠马华力》(*Maverick*)中，几乎每周都会有人要求与布雷特或巴特一决高下，但他们有多少次真的舍命一搏呢？几乎没有。布雷特和巴特有更聪明的做法，他们知道有更好、更安全的方法来达到目的。

其中的奥秘很简单：你不必打每一场仗。对道德型愤怒的人来说，这个基本事实很难理解。为真理和正义而战，爬上道德优越感的椅子是多么诱人，穿上义愤填膺的长袍太容易了。

匿名戒酒会有一个简单的口号："吸引，而不是推广。"这句话的意思是，你已经戒酒并找到了保持清醒的方法，也得到了情绪和精神上的成长，但你不需要通过说教让别人也这样做。相信你的真理，但不要通过说教、大喊大叫或爬上那把道德优越感的椅子来"推广"

它。 你要做的就是按照你的真理而活。 如果它起作用，人们会看到你变得更快乐，他们也会想要一些你所拥有的东西。 当他们问你的时候，你可以告诉他们你的信念。 让别人过自己的生活，直到他们向你提问。 这也是他们准备好倾听并真正愿意倾听你说话的时候。

改变需要自律，下面这个练习会帮助到你。

拿 3 张足够小的纸条，分别写上 1、2、3 并放进你的口袋或钱包里。 这就是你本周的道德型愤怒额度。 这一周你只能使用 3 次道德型愤怒，所以你最好有所取舍，在使用最后一次时要格外小心。如果你把它浪费在批评伴侣对早餐麦片的选择上，那么遇到更严重的问题时，你该怎么办？ 下周把纸条缩减到 2 张，然后是 1 张，但张数不要减到 0。 每个人都需要偶尔使用道德型愤怒。 当然，口袋里有纸条并不意味着你就必须使用它。

注意，我们并不是说你永远不应该产生道德型愤怒，但要有所选择。 把道德型愤怒想象成金钱，不要把它浪费在无用之事上。 相反，要把它用在真正重要的事情上。

第十一章 仇恨型愤怒

表达方式：因觉别人的行为伤害自己而心生怨恨，表现得像受害者，被自己的仇恨吞噬。

怨恨：因别人的言行而感到被冒犯。

仇恨：对某人强烈的、无休止的厌恶。

自我仇恨：对自己强烈的、无休止的厌恶。

我们把怨恨和仇恨的话题留到最后是有原因的。怨恨包含了其他愤怒类型的许多特征。怨恨者常常像隐匿型愤怒的人一样隐藏自己的愤怒，但他们也会在愤怒中爆发。他们会沉迷于仇恨带来的力量感，而且他们相信自己的愤怒是合理的，就像那些道德型愤怒的人一样。

我们认为，怨恨是一个过程的起点，仇恨是一个过程的终点，在这个过程中，人们会因为别人的言行而感到被冒犯或被伤害。他们很生气，也许他们会试图采取行动，消除这种不快，但没有任何效果。他们被困住了，他们执迷不悟，反复思考那个人是如何伤害他们的，他们被困在自己的愤怒中无法释怀。

不是所有的怨恨都会变成仇恨。怨恨的强度较低。当珍妮说："我真的很讨厌莫莉在全体员工面前说我的闲话，我现在不想和她说话。"珍妮的心中是怨恨，但不是仇恨，她有足够的时间来克服她的愤怒。渐渐地，她在莫莉身边可能会感到更放松，尤其是当莫莉不再说闲话的时候。但如果一年后珍妮这样说："我极度鄙视莫莉，她又蠢又坏又刻薄，总在说闲话。没有人相信她，我一点也不想看到她！"那就是仇恨。仇恨比怨恨更强烈、更持久、更刻薄。怨恨通常会随着时间的推移而消失，而仇恨则会持续下去，甚至变得更加强烈。

仇恨是一种强大而可怕的武器。仇恨者可能并且确实会杀人，他们攻击自己仇恨的人。如果他们仇恨的人是自己，他们就会攻击自己，甚至会自杀。

仇恨的显著特点之一是它的持久性，它可以永远持续下去。你是否经常听到有人对别人或者对自己说"我永远不会原谅，永远不会忘记他对我所做的一切"？拒绝改变是仇恨的标志。仇恨是一个长期的问题，因为它一旦形成就很难消失。仇恨者会被仇恨所困，无法继续正常的生活。

每个人都会仇恨，也许几乎每个人都时不时地怨恨别人。仇恨是弗洛伊德所说的爱恨关系的一部分。我们最爱的人恰恰可能是我们最恨的人。即使是只有一两岁的孩子，他也会怨恨，尽管孩子的"我恨你"与成人的不同。孩子通常的意思是："我现在恨你，但我很快就会忘记。"而成人的意思是："我现在恨你，也许会永远恨你。

这种感觉会持续很久。"

爱和恨都是激烈的情绪，它们是强烈而固执的感受。这意味着仇恨者与他们的敌人关系紧密，他们对敌人难以忘怀。顺便提一下，爱的对立面并不是恨，爱与恨的对立面都是冷漠。这就是为什么治愈仇恨往往需要的是放手。

"太神奇了，帕特，我不再想吉米了。我以前常常彻夜不眠，想方设法报复他，现在我已经不在乎他的死活了，我有太多别的事情要做。"

几乎每个人在生活中都有过怨恨。许多人也曾感受过仇恨，而有些人则是永远的仇恨者。对他们来说，仇恨已经成为他们生活的一部分。当他们执着于过去的不公，既寻求报复又表现得像受害者时，他们就被自己的仇恨吞噬了。这些人被困在仇恨之中，他们需要学会如何放手。

怨恨和仇恨是如何形成的

想象仇恨是一条汹涌的河流，它从嶙峋的山峰上冲刷而下，席卷了沿途的一切。仇恨之河太过湍急，你无法在其中游泳，一旦尝试，你就会淹死。它太危险了，你无法穿越，也无法在其中航行。它唯一的目的似乎就是毁灭一切。

一条河流通常不会直接从地下涌出。它是由许多支流——小溪和小河——汇集而成的。仇恨之河也是如此，而每条支流都有一个名字。

第一条支流名为"伤害"。有人说了一些欠考虑、伤人或刻薄的话，或做了一些欠考虑、伤人或刻薄的事情。又或者，只是仇恨者认为有人做了这些事情。无论是想象中的侮辱和误解，还是真实的攻击，都会让仇恨逐渐累积。这些伤害难以忍受，它们太伤人了，让人无法忽视。

第二条支流名为"执念"。这意味着人们总在想着别人对他们做过的坏事。拥有执念的人不断因为旧伤而流血。每当他们想起别人对自己做过的事，他们就会再次受伤，有时甚至会比原来感到更痛。他们会长期怀恨在心，他们拒绝原谅，因为那样他们就得继续向前。

第三条支流名为"受害者逻辑"。仇恨者认为他们是别人恶行的受害者，他们还认为自己无力改变生活，就好像有人把他们扔进河里，不让他们爬出来。

最近，罗恩接待了一位名叫安德里安的新来访者，她满腹牢骚，她的丈夫是个混蛋，她的儿子和女儿也把她当成受气包，当她筋疲力尽时，她的雇主还让她加班。她一直抱怨不休，她的生活像黄连一样苦，像柠檬一样酸，每个人都在找她的碴儿。那么，她想对这些不公正做些什么呢？什么也没做。"罗恩，我只是来抱怨一下。我什么也做不了，我被困住了，但我很生气，我想把他们都杀了。"她宁愿做个受害者，也不愿为自己的生活负责。

第四条支流名为"强烈"。仇恨的感觉是如此强烈！它让人感觉充满活力，精力充沛。只要让仇恨者谈起他们仇恨的人，你就能明白我们的意思。突然，他们的声音变得洪亮，他们疯狂地做手势，他们的眼睛闪闪发亮，他们的话语滔滔不绝。不知怎的，他们似乎从痛苦中得到了一丝快感，特别是当他们想到要如何报复他们所仇恨的人时。

第五条支流名为"复仇"。有仇必报的人总是在谋划。仇恨者会花几个小时、几天甚至几周的时间想办法让他们的敌人付出代价。比如，往他们的油箱里加糖，毁掉他们的车，让他们当众出丑。

埃德加·爱伦·坡（Edgar Allan Poe）是复仇幻想大师。还记得在《一桶白葡萄酒》（*The Cask of Amontillado*）中，主人公是如何把他的对手灌醉，然后把他砌进酒窖的吗？"现在我要让他像我一样受苦"是复仇者的目标。"现在该谁后悔了？"是他们的战歌。

有时候，仇恨更像冰川，它移动得非常缓慢，却会碾压沿途的一切。这有两个原因：第一，仇恨者活在过去；第二，他们拒绝放下愤怒。

仇恨者活在过去。事实上，仇恨者不会改变他们对别人的看法，他们的想法一旦形成，就雷打不动。这样一来，他们对别人的判断就永远不会改变。"哦，当然，他出狱后表现一直很好，但你等着瞧吧，我知道他骨子里是什么人，他永远不会改变。"

仇恨者会反复回想过去的伤痛，就好像它们现在正在发生一样。有时，这些伤痛是很可怕的：外遇、偷窃、成瘾、殴打、乱伦、欺骗。但仇恨者也会因为一些小事而心烦意乱，比如在聚会上被冷落，或者某人不经意的一句话或一个动作。"看看他们对我做了什么！请看看！再看一遍！"在别人都上床睡觉后，他们还在不断回想自己受辱的画面。

仇恨者会牢记并反复回想 3 种伤害。第一种是别人对他们做过的事，我们称之为"罪行"，即别人做出的具体行为，如配偶出轨，被人侮辱或被人骂"自私""愚蠢"。第二种是仇恨者认为别人对他们不好，或者只是没有达到他们的期望，我们称之为"忽视"。例如，某人本该说"我爱你"却没有说，某张从未寄出的圣诞贺卡，一句忘记说出口的"谢谢"。仇恨者用这个"忽视"来提醒自己，他们受到了不公平的对待或"被遗忘了"。仇恨关系中的第三种伤害是"缺失"。当你仇恨的人试图让事情变得更好，但你认为他们做得太少、太晚时，就会出现缺失。例如，25 岁的梅尔文在大约 10 岁时被他的父亲吉姆抛弃了。去年，吉姆找到了梅尔文，给他打了电话。吉姆想见梅尔文，想恢复他们的关系，但梅尔文拒绝了。他想念父亲已经有 15 年了，但他的仇恨根深蒂固。"现在太晚了，"梅尔文说，"这么多年过去了，他做什么都无济于事。在我心中，他永远是那个抛弃我的人。"

仇恨者的心中没有改变的余地。他们被困在过去，在回想伤痛时一次又一次地受伤，结果就是他们拒绝放下愤怒。

请注意，我们并不是说仇恨者无法释怀。他们可以放下，如果他们想继续自己的生活，他们就必须这样做。问题是他们不愿放下。

为什么要执着于仇恨？当然，每个人都有自己的理由。例如，习惯，害怕改变，害怕面对未知。紧紧抓住离开之人的唯一办法就是仇恨——享受仇恨带来的强烈感受，永远等待"正义"或复仇。

不管是什么原因，结果都是一样的。仇恨者一直在仇恨别人，日复一日。他们的大部分精力都用在了仇恨上，他们几乎没有时间做其他事情。

何时放下怨恨和仇恨

像人类所有的情绪一样，怨恨也有它的用处。例如，怨恨说明某人受到了伤害，需要安慰。它还能帮助人们离开一段糟糕的关系。仇恨可以澄清一个人的价值观："我非常恨我的母亲，我发誓我永远不会像她那样。"然而，奇怪的是，仇恨又使人们与他们所鄙视的人保持联系。正如我们前面指出的，爱的对立面是冷漠，而不是仇恨。不管怎样，那些说出"我恨你"的人仍然与其敌人有着紧密的联系。

尽管如此，怨恨很容易过度。它会控制你的生活，把你困在过去。仇恨则更糟糕，它甚至会成为你生存的主要方式。

当仇恨控制了你的生活时，就会出现以下几个迹象。

- 你每天都会想起你仇恨的那个人，也许一天会想好几次。
- 你不再总想着你仇恨的那个人，但当你想起时，你会惊讶于自己愤怒的力量。只要有人提起敌人的名字，你的内心就会开始发狂。
- 你经常告诉别人你受到了多么严重的伤害，你试图说服别人站在你这边，像你一样仇恨你的敌人。
- 你认为自己是完全善良和无辜的，你的敌人是糟糕和邪恶的。你有严重的非黑即白的思维，无论别人说什么或做什么都不管用。

- 你无法想象，如果没有仇恨，你会是什么样子。你认为自己现在和将来都是一个充满仇恨的人。
- 你有很多关于复仇的想法和幻想，你浪费了很多时间幻想如何伤害你的敌人。
- 你已经开始按照那些幻想行事，真的做了一些报复别人的事情。
- 你无法继续自己的生活，你的仇恨消耗了你太多精力，你没有时间做其他事情。
- 你的旧伤非但没有愈合，反而一直在流血。你能感觉到自己变得越来越痛苦。随着时间的推移，仇恨似乎越来越强烈。
- 你为自己感到难过，你认为自己是别人卑鄙行为的无助受害者，你感到无法拯救自己。

这些迹象都表明仇恨控制了你的生活。然而，你可以摆脱仇恨，具体方法如下。

放下怨恨和仇恨

怨恨比仇恨更容易释放。不过，如果你任其发展，它们就会像魔术贴一样紧紧地黏住你的灵魂。我们建议你采取以下步骤来释放怨恨。

- 如果可以，直接与你怨恨的人交谈，也许你们可以把问题解决掉，一了百了。

- 想想你怨恨的人现在或过去做过的一些好事。当你重新关注这个人的积极表现时，这会提醒你，你所怨恨的人并非糟糕透顶。

- 正确看待引起你怨恨的冒犯行为，换句话说，你所怨恨的冒犯行为有多严重？例如，莫莉的闲言碎语是真的伤害了珍妮，还是仅仅让她有点心烦？

- 有意识地用一种比以前更好或更尊重的方式对待你怨恨的人，这将帮助你打破这样的循环：你们都觉得被对方伤害了，然后要么退缩，要么反击。

仇恨就像一条汹涌的河流，河水会被堤坝阻挡，仇恨也可以被阻拦。你可以告诉自己，仇恨是不好的，你应该为仇恨感到内疚。不幸的是，你所做的一切只会在大坝后面形成一个巨大的怨恨之湖，一个愤怒的蓄水池。无论你把堤坝修得多坚固，压力迟早会冲垮大坝，你的愤怒也会倾泻而出。

放下仇恨比放下怨恨更难。你不能只是希望它消失，你也不能把它搁置一旁，因为正如我们刚刚指出的，仇恨就像一条汹涌的河流。

你需要做的不仅仅是拦住你的仇恨，还需要在生活中做出重大改变。你需要把你的仇恨转化为不同的、更有力量的东西，你需要以新的方式使用仇恨的能量。

以下是一个想象的练习，它可以说明我们的意思。我们建议你多读几遍，然后闭上眼睛，想象它发生在你身上。

你是一条澎湃的仇恨之河。在无数怨恨之流的滋养下，你汹涌地穿过愤怒的山峰，一路顺流而下。没有什么能阻挡你前进的道路。你的目的是毁灭，是复仇。你无法被阻挡，你无法被控制。你是主宰，是战士，是至高无上的存在。你奔流不息。

然后你抵达了海洋。

你与浩瀚的海洋融为一体，你必须这么做，你没有选择。你试图继续仇恨，让大海充满愤怒，但海洋广阔无边。你所仇恨的是这海洋的一部分，你所爱的也是其中一部分，它们完全混合在一起，无法分开。你与它们融为一体，你感觉自己与宇宙万物相连，甚至与那些你仇恨的人相连，你感觉自己能包容一切善恶。

你感觉自己的伤口在愈合。

海洋净化了你的灵魂，海水吸纳了你的仇恨，带走了你的痛苦，就像母亲抱着她愤怒的孩子，给予安慰。你的仇恨现在变得渺小，只是浩瀚海洋中的一滴水，微不足道。

你的仇恨成为海洋的一部分。

海洋稀释了仇恨，将其转化为纯粹的能量。只有能量，不再有仇恨。当你成为海洋时，你会感到自己与某种既是你又比你伟大的东西相连，你感到平和而满足。

仇恨必须被承认和接纳。仇恨很渺小，只是生命的一小部分。你必须接纳你的仇恨，甚至把它作为你存在的一部分，但也要正确看待仇恨：它只是你的一部分，而不是你的全部。

仇恨是一种充满力量的情绪，是一种激情。你可以利用它的能量，让自己成长。那时，也只有那时，你才能说你的仇恨有价值。

"罗恩，这一年来我只感受到仇恨，它永远地改变了我，我不再是以前那个天真的年轻人了。我现在意识到，世界上有很多邪恶，但也有善良。我现在知道，我可能会和我鄙视的人一样刻薄可恨，我的仇恨向我证明了这一点。现在我可以继续生活了，我有很多事情要做，我不想再浪费时间去仇恨了。"

宽恕：消除怨恨和仇恨的良方

宽恕是消除怨恨和仇恨的经典良方。宽恕别人对你的所作所为，是你送给自己的礼物。这样做的目的是让你放下烦恼，继续自己的生活。

怨恨和仇恨使你无法享受生活，无法看到别人的优点。怨恨让人产生怀疑、抑郁和绝望，它们会把生活变成一场悲剧。

宽恕意味着放下你的怨恨，放下对敌人的所有要求。当你选择宽恕时，别人就什么也不欠你了。这意味着你必须愿意无条件地原谅别人。不要期待对方也会原谅你，或者恢复你们的关系，或者对你更加友好，或者做出改变。如果你期待从你的宽恕中得到回报，那你只是在玩一场游戏。宽恕不是操纵别人，它是一种个人选择，目的是让你自己得到解脱。

宽恕必须按照你自己的节奏进行，它不是必须做的，不是义务。

因此，不要让任何人告诉你必须宽恕别人。某些宗教强调宽恕他人的必要性和责任，尽管我们尊重这一立场，但我们不同意宽恕是一种义务。相反，我们认为宽恕是一个丰富生命的机会。

宽恕是一种选择，它是自由意志的体现。当你准备好要宽恕时，自然会感觉到。当你再次抱怨所发生的事情时，你会觉得有点不舒服，会感觉自己仍困在过去，但你已经准备好改变了。你的内心、灵魂和思想都会告诉你，你要开始宽恕。

宽恕需要时间。它是一个过程，而不是单个的事件。

贝弗利·弗拉尼根（Beverly Flanigan）写过一本关于宽恕的著作，名为《宽恕不可宽恕之人》（*Forgiving the Unforgivable*）。弗拉尼根采访了那些从家庭或其他亲密关系的伤害中幸存下来的人。有人被商业伙伴背叛，有人是乱伦受害者，还有人在幼年时被遗弃。弗拉尼根描述了宽恕的 6 个阶段。在与试图克服仇恨的个人和伴侣一起工作时，我们发现遵循这些阶段的做法很有帮助。

描述所受的伤害。 第一阶段的目标是描述发生了什么及它是如何影响你的，能够清楚地说出来会有帮助。例如："我是乱伦受害者，因为之前所发生的事情，我至今很难信任男人。"

确认所受的伤害。 在这个阶段，你要把自己受的伤害和别人受的伤害分开。你不要说："我很痛苦，但乔更痛苦，所以我们来谈谈他吧。"而要说："我在某些方面受到了伤害，乔在其他方面受到了伤害，我想谈谈我的痛苦。"

指责加害者。 这一阶段的任务是把你的行为与加害者的行为分开。例如，一个在童年遭受性虐待的女性可能会感到内疚，就好像她是坏人，因为她允许这样的事情发生了。在这个阶段，责任会被重新分配，加害者要为他们的行为负责。

获得内心平衡。宽恕的目标之一是重新获得你失去的力量。在这个阶段，你可以做任何必要的事情来消除伤害。这可能包括认为伤害已经结束，对加害者采取法律行动，重新获得因伤害而失去的能力，重新开始因伤害而停止的活动。例如，被施暴的女性幸存者克服了在公共场合讲话或与男性交谈的恐惧。

选择宽恕。为了继续生活，你必须不再想着加害者，这意味着放下对他们的任何要求。获得道歉已经不重要了，让他们付出代价也不值得你花费心力。是时候向前看，而不是沉溺于过去了。宽恕是有意识的选择，它意味着放下过去，这样你才能更好地活在当下。

让新的自我出现。在最后阶段，你不再是一个无助的受害者，你对生活有了更强的掌控感。此外，弗拉尼根还描述了她所谓的"宽恕原则"：伤害总有可能发生，伤害是人类经验的一部分。你要认识到这一真理，学会应对逆境，即使你的痛苦似乎毫无意义。也许上天这样安排有你无法理解的理由，也许根本就没有理由。不管怎样，宽恕者都要接受这个现实，即这个世界并不总是公平或公正的。即使伤痕累累、遍体鳞伤、残缺不全，宽恕者仍能找到内心久违的平静和安宁。

练习：你想要开始宽恕的过程吗？你可以先列出怨恨对你造成的所有伤害，包括你浪费的时间和精力、失去的睡眠、对世界的不信任、强迫性的想法、沉溺于复仇幻想所花费的时间等。记住，宽恕是你送给自己的礼物。你想接受这份礼物，还是想要更多的愤怒和仇恨?

我们建议你给每个你准备宽恕的人写一封不会寄出的信,在这封信中经历弗拉尼根的 6 个阶段:描述所受的伤害、确认所受的伤害、指责加害者、获得内心平衡、选择宽恕、让新的自我出现。慢慢来,每封信可以花几天或几周来写。这封信是写给你自己的,不是写给别人的,所以不要寄给他们或者读给他们听。

你可能会注意到,这封信的某些部分会格外难以下笔,这就是你需要多下功夫的地方。不过,不要为此生自己的气。宽恕是一个艰难的过程,它往往是痛苦的,但是只要坚持下去,你就会从仇恨的囚牢中解脱出来。

自我仇恨和自我宽恕

仇恨并不总是指向别人,它也可能指向自己。自我仇恨是一种可怕的自我伤害,自我仇恨者深信自己有很大的问题。

自我仇恨是愤怒和羞耻的混合体,就像我们在第五章中描述的羞耻型愤怒:我很糟糕,我不够好,我不属于这里,我不可爱,我不应该这样。自我仇恨者对这些信念深信不疑,别人再多的赞扬也无法让他们改变想法,他们仍然坚信自己在本质上就是糟糕的。

自我仇恨者拒绝原谅自己,他们的羞耻感似乎太深,他们的罪恶感似乎太强。他们认为自己是一个无底的化粪池,里面充满了难闻和恶心的东西。他们会说,甚至专业的清理人员也帮不上忙,没有人能清除他们灵魂里的所有污秽。

自我仇恨者迫切需要学习如何原谅自己，然而现实情况恰恰相反，他们经常想方设法地自我惩罚。他们非常擅长：

- 自我虐待（挨饿或自残等）；
- 自我破坏（"我本来可以得 A，但我没有完成最后一项作业，所以老师给了我不及格"）；
- 自我忽视（过去 4 年都没有体检或看过牙医）；
- 自我毁灭（企图自杀）。

摆脱自我仇恨的关键在于自我宽恕，这是一个缓慢的、常常令人沮丧的过程，可能需要一生的时间。为了获得帮助，我们建议你先阅读一些关于羞耻感的书籍，我们推荐的是《羞耻感》和《羞耻感的秘密》(*The Secret Message of Shame*)。你的主要目标是接受自己是一个普通人，这意味着你不仅要接纳自己的优点，也要接纳自己的缺点和弱点。

以下几句肯定的话语可以帮助你把自我仇恨变成自我尊重。

- 我是一个平凡人。
- 我并不完美，但我作为人本身是完美的。
- 我的存在就已经足够好了。
- 我会留意我的优点，并接纳它作为我的一部分。
- 我会接受来自别人的爱和关怀。
- 我会像善待别人一样善待自己。

- 我会把自己的一切都放在心上。

- 我原谅我所做的一切，原谅此刻的自己。

当你接纳这些话语时，你将不再那么厌恶自己，你不会沉溺于自我虐待、自我忽视、自我破坏和自我毁灭的行为；即使你这样做了，你也能更快地阻止自己，重新回到自我关爱的道路上。

第四部分

总结

第十二章　放下愤怒

愤怒是一种重要的情绪，它提醒你某些地方出了问题，它促使你采取行动，它是不可忽略的信号。但愤怒也会带来问题，尤其是当你深陷其中时。

本书描述了 11 种不同的愤怒类型，当然，生活中还有更多的愤怒类型。我们挑选的 11 种愤怒类型对大多数人来说是带来麻烦最多的。然而，如果你愿意做出有意识的努力，这 11 种愤怒类型中的每一种，你都可以放下。

掩盖性的愤怒

掩盖性的愤怒很难被识别。我们先从回避型愤怒说起。回避型愤怒的人害怕并否认自己的愤怒，他们就是不想承认自己的愤怒。

他们一旦注意到愤怒的信号，就朝相反的方向走。回避型愤怒的人最需要承认的是，每个人都会时不时地感到愤怒，他们需要接受愤怒是自己的一部分。

接着是隐匿型愤怒。隐匿型愤怒的人通过忘记承诺、表现得无助等行为，拐着弯地表达愤怒。隐匿型愤怒的人用他们的不作为让别人感到沮丧，他们想方设法地不做事情，让愤怒悄悄流露出来。隐匿型愤怒的人最需要学习如何直接表达自己的愤怒。

向内型愤怒是另一种形式的掩盖性的愤怒。以这种方式处理愤怒的人往往会把愤怒转向自己。他们压抑自己对别人的愤怒，要么是因为害怕把愤怒表达出来，要么是因为他们被教导只能对自己生气。另外，他们往往对自己很挑剔，总是对自己的行动或想法吹毛求疵。这些人需要允许自己更多地向外表达愤怒，他们还需要找到方法来爱自己和欣赏自己。

爆发性的愤怒

爆发性的愤怒是危险的、强烈的、令人恐惧的。爆发性愤怒的人会变得怒不可遏并失去控制。

突发型愤怒就是一种爆发性的愤怒。突发型愤怒就像黑夜中的龙卷风一样。突发型愤怒的人必须学会识别愤怒正在累积的迹象，并减缓这一过程。

羞耻型愤怒也是一种爆发性的愤怒，它伴随着一个人的低自尊产生。人们的自我感觉越糟糕，就越容易对批评过于敏感，认为别人在贬低自己。 羞耻型愤怒问题的解决办法是增强自我价值感。

故意型愤怒是有预谋的。 人们利用这种愤怒来吓唬别人，从而达到自己的目的。 这是一种粗劣的把戏，经常会适得其反，但也很难放弃，因为它有时确实有效。 故意型愤怒的人需要学习以新的、更好的方法来获得他们想要的东西。

最后一种爆发性的愤怒是兴奋型愤怒。 兴奋型愤怒的人寻求愤怒带来的刺激感。 愤怒让他们感觉自己充满活力和力量。 他们可能需要把发怒当作成瘾行为来对待，承诺拒绝所有的愤怒邀请，并学习如何心平气和地生活。

长期性的愤怒

长期性的愤怒会持续很长时间，甚至长达数年。 有些人陷入无休止的愤怒之中，就像苍蝇被粘在捕蝇纸上一样，愤怒与他们形影不离。

其中一种是习惯型愤怒。 这种愤怒类型的人甚至不去想他们为什么会生气，但他们就是生气。 习惯型愤怒的人需要更敏锐地觉察自己的行为，并用新的想法和行为来打破这个习惯。

恐惧型愤怒既是掩盖性的，也是长期性的。 偏执者会把他们的愤怒投射出去。 他们认为别人对自己很生气，实际上他们才是生气的那个人。 偏执者必须收回自己的愤怒，并学会谨慎对待愤怒，这样才能变得更好，他们还必须学会信任别人。

道德型愤怒是另一种长期性的愤怒。 道德型愤怒的人相信自己才是对的、好的，而对方是错的、坏的，从而为自己的愤怒辩护。要逃离这座牢笼，人们必须放下他们的优越感，学会平等地对待别人，即使别人与自己意见相左。

最后，我们介绍了仇恨型愤怒。仇恨者积累怨恨，把自己当成无助的受害者。自我仇恨者会因为自认为的缺点而鄙视自己。这两种人都活在过去，无法享受生活，他们需要学会关爱自己，宽恕别人。

健康的愤怒

善于处理愤怒的人会做到以下 8 点。

1. 他们很灵活，使用多种愤怒类型来应对困境。

2. 他们把愤怒视为生活中正常的一部分。

3. 他们把愤怒看作一个信号，它表明有问题需要解决。

4. 必要时他们会采取行动，但他们一定会三思而后行。

5. 他们适度地表达自己的愤怒，不会失控。

6. 他们的目标是解决问题，而不仅仅是表达自己的感受。

7. 他们用别人能理解的方式清楚地表达愤怒，这样别人就能对他们的需求做出恰当的回应。

8. 他们会放下愤怒，而不是在问题解决后还耿耿于怀。

如果你的目标是处理好愤怒，那么每种愤怒类型都将是一个挑战。这就是为什么了解你的愤怒类型非常重要。你对自己的思维和行为模式了解得越多，就越能掌控自己的生活，也就越能真正学会放下过度的愤怒和怨恨。

放下愤怒

愤怒是生活的一部分。我们希望你，也希望我们自己，能够接受愤怒的祝福，倾听它传递的信息，然后轻松地放下它。